Systembildendes Technologie-Controlling

Von der Fakultät für Maschinenwesen der
Rheinisch-Westfälischen Technischen Hochschule Aachen
zur Erlangung des akademischen Grades
eines Doktors der Ingenieurwissenschaften
genehmigte Dissertation

vorgelegt von

Diplom-Ingenieur Diplom-Wirtschaftsingenieur Sascha Klappert
aus Düren

D1690602

Berichter: Univ.-Prof. Dr.-Ing. Dipl.-Wirt.Ing. Günther Schuh
Univ.-Prof. Dr.-Ing. Dipl.-Wirt.Ing. Dr. h. c. mult. Walter Eversheim

Tag der mündlichen Prüfung: 20. Dezember 2005

Fraunhofer Institut
Produktionstechnologie

Berichte aus der Produktionstechnik

Sascha Klappert

Systembildendes Technologie-Controlling

Herausgeber:
Prof. em. Dr.-Ing. Dr. h. c. mult. Dipl.-Wirt. Ing. W. Eversheim
Prof. Dr.-Ing. F. Klocke
Prof. em. Dr.-Ing. Dr. h. c. mult. Prof. h. c. T. Pfeifer
Prof. Dr.-Ing. Dipl.-Wirt. Ing. G. Schuh
Prof. em. Dr.-Ing. Dr.-Ing. E. h. M. Weck
Prof. Dr.-Ing. C. Brecher
Prof. Dr.-Ing. R. Schmitt

Band 4/2006
Shaker Verlag
D 82 (Diss. RWTH Aachen)

Bibliografische Information der Deutschen Bibliothek
Die Deutsche Bibliothek verzeichnet diese Publikation in der Deutschen
Nationalbibliografie; detaillierte bibliografische Daten sind im Internet
über http://dnb.ddb.de abrufbar.

Zugl.: Aachen, Techn. Hochsch., Diss., 2005

Copyright Shaker Verlag 2006
Alle Rechte, auch das des auszugsweisen Nachdruckes, der auszugsweisen
oder vollständigen Wiedergabe, der Speicherung in Datenverarbeitungs-
anlagen und der Übersetzung, vorbehalten.

Printed in Germany.

ISBN 3-8322-4871-4
ISSN 0943-1756

Shaker Verlag GmbH • Postfach 101818 • 52018 Aachen
Telefon: 02407 / 95 96 - 0 • Telefax: 02407 / 95 96 - 9
Internet: www.shaker.de • eMail: info@shaker.de

Vorwort

Die vorliegende Arbeit entstand im Rahmen meiner Tätigkeit als wissenschaftlicher Mitarbeiter am Fraunhofer-Institut für Produktionstechnologie IPT in Aachen. Die Kombination aus wissenschaftlicher Arbeit und praxisorientierter Umsetzung zeichnen das Arbeitsumfeld des Fraunhofer IPT aus, so dass ich die Möglichkeit hatte meine theoretischen Kenntnisse und meine Erfahrungen aus vielen industriellen Projekten zum Thema Technologiemanagement in die vorliegende Dissertation zu integrieren.

Für dieses besondere Umfeld und die Möglichkeit zur Promotion danke ich Herrn Professor Günther Schuh, dem Leiter der Abteilung Technologiemanagement des Fraunhofer IPT und Inhaber des Lehrstuhls für Produktionssystematik am Laboratorium für Werkzeugmaschinen und Betriebslehre (WZL) der RWTH Aachen, und seinem Vorgänger Professor Walter Eversheim.

Besonderer Dank gilt Dr. Jens Schröder, der als Oberingenieur der Abteilung Technologiemanagement durch sein unerschöpfliches Engagement und seine Integrität die Abteilung und auch mich geprägt hat. Des Weiteren bedanke ich mich bei meinen Kollegen und Mitarbeitern, mit denen ich in den vergangenen Jahren meinen Arbeitsalltag teilen durfte. In der Projektarbeit, auf gemeinsamen Dienstreisen, in konstruktiven Diskussionen, bei einem abendlichen Bier und durch unzählige „Kleinigkeiten" sorgten sie dafür, dass ich fast jeden Tag am Institut in guter Erinnerung habe. Stellvertretend für viele Anderen danke ich Dr. Holger Degen, Dr. Jens-Uwe Heitsch, Dr. Katarina Knoche, Henning Möller, Christoph Moser, Christoph Neemann, Sebastian Schöning, Ute Schütt, Dirk Untiedt und Dr. Ralf Walker.

Nicht zuletzt danke ich meinen Eltern Karin und Erwin, die mir meinen Lebensweg stets geebnet haben, meinen Großeltern Rosemarie und Albert, meiner Schwester Nicole und „meiner" Karin. Durch die Liebe meiner Familie und ihre bedingungslose Unterstützung gelang es mir neben Beruf und Dissertation die wesentlichen Dinge des Lebens im Auge zu behalten.

Köln, im Dezember 2005

Verzeichnisse

A) Inhaltsverzeichnis I
B) Abbildungsverzeichnis IV
C) Abkürzungsverzeichnis VII

A) Inhaltsverzeichnis

1 Einleitung 1
    1.1 Ausgangssituation 1
    1.2 Zielsetzung 3
    1.3 Forschungsprozess und Aufbau der Arbeit 4

2 Grundlagen und Kennzeichnung der derzeitigen Situation 7
    2.1 Grundlegende Zusammenhänge und Eingrenzung des Untersuchungsbereichs 7
        2.1.1 Subjektorientierte Betrachtung 7
        2.1.2 Objektorientierte Betrachtung 9
        2.1.3 Prädikatorientierte Betrachtung 13
            2.1.3.1 Management 13
            2.1.3.2 Technologiemanagement 16
            2.1.3.3 Controlling 22
    2.2 Analyse und kritische Würdigung bestehender Ansätze 27
    2.3 Zwischenfazit 32

3 Grobkonzept 35
    3.1 Anforderungen an die Methodik 35
        3.1.1 Formale Anforderungen 36
        3.1.2 Inhaltliche Anforderungen 37

3.2 Modellsystem der Methodik 39

    3.2.1 Regelkreisansatz 40

    3.2.2 Modelltheorie 41

    3.2.3 Systemtechnik 44

3.3 Entwicklung des Grobkonzeptes 46

    3.3.1 Aufbaustruktur 46

    3.3.2 Ablaufstruktur 51

        3.3.2.1 Modellierungsmethode 52

    3.3.3 Zwischenfazit 55

4 Detaillierung des Technologie-Controllingkonzepts 57

4.1 Zielmodell 57

4.2 Aktivitätenmodell 61

    4.2.1 Technologiefrüherkennung 66

    4.2.2 Interne Analyse 70

    4.2.3 Technologieplanung 72

    4.2.4 Technologierealisierung 76

    4.2.5 Technologietransfer 79

    4.2.6 Technologieeinsatz 82

    4.2.7 Zwischenfazit 83

4.3 Typologiemodell 83

4.4 Messgrößenmodell 89

    4.4.1 Aktivitätenbezogene Zieldefinition 90

    4.4.2 Aktivitätenbezogene Kennzahldefinition und -priorisierung 93

4.5 Rollenmodell 97

4.6 Controllingrahmen 105

5 Fallbeispiel 112

5.1 Ausgangssituation 112

5.2 Anwendung der Methodik 113

6	**Zusammenfassung**	119
7	**Literaturverzeichnis**	122
8	**Anhang**	138
8.1	IDEF 0-Modell	138
8.2	Arbeitspläne des Technologiemanagements	145
8.3	Nutzwertanalyse	151

B) Abbildungsverzeichnis

Bild 1-1: Ausprägungen des technischen Fortschritts 1
Bild 1-2: Forschungsprozess und Gliederung des geplanten Vorhabens in
Anlehnung an H. ULRICH [ULRI84, S. 193] 5

Bild 2-1: Tätigkeitsschwerpunkte der Managementebenen 8
Bild 2-2: Traditionelles Begriffsverständnis von Technologie und Technik auf
Basis des Systemansatzes 9
Bild 2-3: Unterschiedliche Begriffsverständnisse für Technologie und Technik 10
Bild 2-4: Technologielebenszyklus 12
Bild 2-5: St. Galler Managementkonzept 14
Bild 2-6: Fragen des Technologiemanagements (Beispiele) 17
Bild 2-7: Technologiemanagement als interdisziplinäre Aufgabe 18
Bild 2-8: Systematisierung der Aufgaben des strategischen
Technologiemanagements 19
Bild 2-9: Einordnung themenverwandter Managementdisziplinen 22
Bild 2-10: Zusammenhang themenverwandter Managementdisziplinen 22
Bild 2-11: Ordnungsrahmen zur Beschreibung von Controllingkonzeptionen 24
Bild 2-12: Controllingsystem nach Horváth 26
Bild 2-13: Technology Management Control System nach JUNG 29
Bild 2-14: Aufbau einer Technologie-Balanced-Scorecard nach WALKER 30
Bild 2-15: Angrenzende Arbeiten 32
Bild 2-16: Eingrenzung des Untersuchungsbereichs 33

Bild 3-1: Vorgehensweise zur Konzeption der Methodik 35
Bild 3-2: Ableitung der inhaltlichen Anforderungen 37
Bild 3-3: Anforderungen an das Controllingkonzept 39
Bild 3-4: Grundlagen des Regelkreisansatzes 40
Bild 3-5: Grundlagen der Modelltheorie 43
Bild 3-6: Grundlagen der Systemtechnik 45
Bild 3-7: Herleitung der inhaltlichen Aufbaustruktur 48
Bild 3-8: Grobkonzept zum Technologie-Controlling 50
Bild 3-9: Implementierungsmodell zur Operationalisierung des Technologie-
Controllingkonzeptes 52
Bild 3-10: SADT/IDEF0-Methode 55

Abbildungsverzeichnis

Bild 4-1: Unternehmensziele und -strategien 58
Bild 4-2: Zielmodell der grundlegenden technologieorientierten
Unternehmenszielrichtung 60
Bild 4-3: Einordnungsmatrix zur Einordnung der generellen technologieorientierten Unternehmenszielrichtung 61
Bild 4-4: Aufgabenfelder des Technologiemanagements unterschiedlicher Autoren 62
Bild 4-5: Module des Aktivitätenmodells 64
Bild 4-6: Struktur des Arbeitsplans für das Technologiemanagement 65
Bild 4-7: Aktivitäten des Moduls „Technologiefrüherkennung" (siehe Anhang) 68
Bild 4-8: Aktivitäten des Moduls „Interne Analyse" (siehe Anhang) 71
Bild 4-9: Aktivitäten des Moduls „Technologieplanung" (siehe Anhang) 74
Bild 4-10: Aktivitäten des Moduls „Technologierealisierung" (siehe Anhang) 77
Bild 4-11: Aktivitäten des Moduls „Technologietransfer" (siehe Anhang) 80
Bild 4-12: Aktivitäten des Moduls „Technologieeinsatz" (siehe Anhang) 82
Bild 4-13: Zusammenhang zwischen Technologie- und Wettbewerbsstrategien 84
Bild 4-14: Zusammenhang zwischen Technologieausrichtung und
Wettbewerbsstrategie 86
Bild 4-15: Typologiematrix zur Zuordnung von Aktivitätenschwerpunkten 89
Bild 4-16: Aufspannen der Prozessstrukturmatrix 92
Bild 4-17: Beispiel zur Ermittlung von Kennzahlen 94
Bild 4-18: Vorgehen zur Kennzahlpriorisierung 96
Bild 4-19: Bezugsrahmen für das Technologiemanagement in Anlehnung an
SCHUH 98
Bild 4-20: Wertschöpfungskette nach PORTER [PORT99b, S. 69] 99
Bild 4-21: Rollenmodell des Technologiemanagements 104
Bild 4-22: Aufbau und Nutzung des Controllingrahmens 105
Bild 4-23: Zusammenstellung der Kennzahlbasis 106
Bild 4-24: Integration der Kennzahlenbasis in eine bestehende Balanced
Scorecard 108
Bild 4-25: Mögliche Cockpit-Darstellung des Technologie-Controllingkonzeptes 111

Bild 5-1: Hauptaktivitäten des Implementierungsmodells 113
Bild 5-2: Technologieorientierte Zielrichtung des betrachteten Unternehmens 114
Bild 5-3: Technologieorientiertes Aktivitätenbündel des betrachteten
Unternehmens 116
Bild 5-4: Unternehmensspezifische Rollenzuordnung 117
Bild 5-5: Unternehmensspezifische Cockpit-Darstellung 118

Abbildungsverzeichnis

Bild 8-1: Knotenverzeichnis des IDEF0-Modell zur Umsetzung des systembildenden Technologie-Controllingkonzeptes 138

Bild 8-2: IDEF0-Modell zur Umsetzung des systembildenden Technologie-
Controllingkonzeptes 1/6 139

Bild 8-3: IDEF0-Modell zur Umsetzung des systembildenden Technologie-
Controllingkonzeptes 2/6 140

Bild 8-4: IDEF0-Modell zur Umsetzung des systembildenden Technologie-
Controllingkonzeptes 3/6 141

Bild 8-5: IDEF0-Modell zur Umsetzung des systembildenden Technologie-
Controllingkonzeptes 4/6 142

Bild 8-6: IDEF0-Modell zur Umsetzung des systembildenden Technologie-
Controllingkonzeptes 5/6 143

Bild 8-7: IDEF0-Modell zur Umsetzung des systembildenden Technologie-
Controllingkonzeptes 6/6 144

C) Abkürzungsverzeichnis

ARIS	Architektur integrierter Informationssysteme
BSC	Balanced Scorecard
bzgl.	bezüglich
bzw.	beziehungsweise
CIM	Computer Integrated Manufacturing
CIMOSA	Open System Architektur für CIM
d.h.	das heißt
ERM	Entity-Relationship-Modellierungsansatz
engl.	englisch
etc.	et cetera
f.	folgende Seite
ff.	fortfolgende Seite
FuE	Forschung und Entwicklung
ggf.	gegebenenfalls
Hrsg.	Herausgeber
IDEF	Integrated Computer Aided Manufacturing Program Definition
IM	Innovationsmanagement
IPT	Institut für Produktionstechnologie
IT	Informationstechnologie
PSM	Prozessstrukturmatrix
RL	Rentabilitäts-Liquiditäts-Kennzahlensystem

Abkürzungsverzeichnis

S.	Seite
SA/SD	Structured Analysis/ Structured Design
SADT	Structured Analysis Design Technique
SGF	Strategisches Geschäftsfeld
SMTI	Strategisches Management von Technologie und Innovation
TM	Technologiemanagement
u.a.	unter anderem
usw.	und so weiter
vgl.	Vergleiche
wt	Werkstatttechnik
z.B.	zum Beispiel
ZVEI	Zentralverband der Elektrotechnischen Industrie

1 Einleitung

1.1 Ausgangssituation

Unternehmen stehen in einem Spannungsfeld unterschiedlicher Interessensgruppen. Dazu zählen Eigen- und Fremdkapitalgeber, Mitarbeiter, Kunden, Lieferanten sowie der Staat und die allgemeine Öffentlichkeit. Primäres Ziel aller Interessensgruppen ist die Erhaltung und erfolgreiche Weiterentwicklung des Unternehmens. Alle weiteren Unternehmensziele müssen sich demnach auf den Aufbau von komparativen Wettbewerbsvorteilen konzentrieren [BLEI96, S. 2-5 f.].

In Realkapital, Humankapital und Technologie (Zugang zu technologischem Wissen) sind nach überwiegender Meinung von Ökonomen die letztendlichen Gründe für Produktivitätsunterschiede und somit für Wettbewerbsvorteile zu suchen. Im Hinblick auf Technologien zeigt sich, dass im technischen Fortschritt ein erhebliches Potenzial zur Steigerung der Wettbewerbsfähigkeit liegt, das sich in neuen Produkten, besserer Qualität und erhöhter Leistungsfähigkeit der Produktionsmittel widerspiegelt [MANK04, S. 428; MILB05, S. 3; BRÖS99, S. 53] und darüber hinaus erhebliche Veränderungen in fast allen Lebensbereichen nach sich zieht. Ausgehend von technischen Basisinnovationen (siehe Bild 1-1) folgt die Reorganisation der gesamten Gesellschaft und ihrer Arbeitsstrukturen [AWK02, S. 4; BETZ93, S. 299 f.]. Darüber hinaus beschleunigt sich der technische Fortschritt fortwährend [TSCH98, S. 1; HALL02, S. 1]. Diese Entwicklung ist u.a. an immer kürzeren Produktlebenszyklen zu erkennen [WAHR04, S. 235]. Anhand der Chip-Technologie kann dies beispielhaft dargestellt werden. Nach dem Gesetz von MOORE entwickelt sich die Leistungsfähigkeit von Computerchips exponentiell [INTE04; MOOR65].

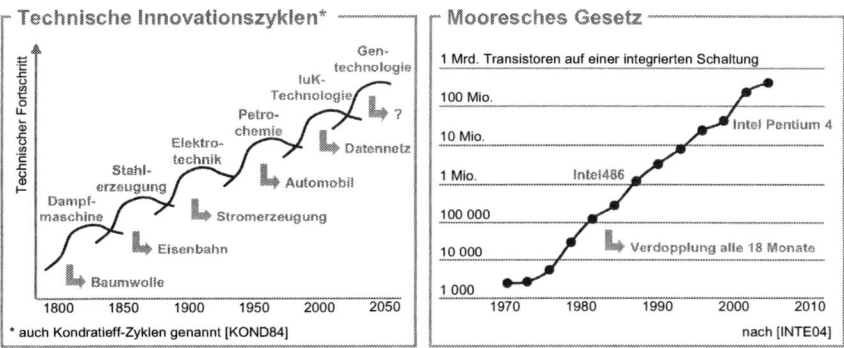

Bild 1-1: Ausprägungen des technischen Fortschritts

Dementsprechend hat der beschleunigte technische Fortschritt auf fast allen Gebieten der wissenschaftlichen Forschung zu tiefgreifenden Veränderungen im unternehmerischen Handeln geführt. Machten sich früher technische Erkenntnisse und deren Konsequenzen aufgrund spärlicher Informationsflüsse und geringer Wissensakkumulation nur allmählich bemerkbar, so sind sie heute unmittelbare Ursache für permanente Anpassungsprobleme. Angesichts der internationalen Wettbewerbssituation sind technologieorientierte Unternehmen zur Sicherstellung eines nachhaltigen Unternehmenserfolgs somit gezwungen, relevante technologische Entwicklungen durch richtungsweisende Entscheidungen im Rahmen der Unternehmensführung einzubeziehen [EVER02b, S. 251].

Dem Technologiemanagement als Teilaufgabe des Unternehmensmanagements kommt dabei die Aufgabe zu, Produktions-, Produkt- und Materialtechnologien aus der Perspektive Mensch, Organisation und Umwelt zu planen, zu gestalten, zu optimieren und zu bewerten [BULL96, S. 4-26]. Das Technologiemanagement kann dabei nicht einer einzelnen Unternehmensfunktion zugeordnet werden [BIND96, S. 96; QIAN02, S. 129]. Vielmehr ist das Technologiemanagement unternehmensweit in die Organisationsstruktur eines Unternehmens zu integrieren und durch strategische Zielvorgaben auszurichten. Im Rahmen von Technologiestrategien eines Unternehmens sind somit die grundlegenden Zielsetzungen im Hinblick auf die Entwicklung und den Einsatz von Technologien festzulegen. Die Technologiestrategie bleibt jedoch reines Papierwerk und ohne wirtschaftlichen Erfolg, wenn sie nicht von den operativen Einheiten des Unternehmens richtig und konsequent umgesetzt wird [BULL94, S. 179].

Diese Operationalisierung bedarf zunächst der Festlegung konkreter technologieorientierter Aktivitäten sowie einer Zuordnung der durchführenden Organisationseinheiten. Darüber hinaus ist der Erfolg der Aktivitäten im Hinblick auf die strategischen Zielvorgaben fortlaufend zu überprüfen, ggf. sind Anpassungen vorzunehmen [SPEC04, S. 52]. Dieses Zusammenspiel von Aktivitäten, Zielvorgaben, organisatorischer Verankerung und Erfolgsmessung ist durch ein hohes Maß an Komplexität gekennzeichnet, dessen Beherrschung durch ein geeignetes Steuerungsinstrument methodisch unterstützt werden muss.

Dem Management steht dazu grundsätzlich das Controlling als Steuerungsinstrument zur Seite. Controlling hat in vielen Bereichen ihren Einzug gefunden und somit nachhaltig zur Sicherstellung des Unternehmenserfolgs beigetragen. Technologische Aspekte bleiben allerdings meist unterberücksichtigt, so dass vielfältige Erfolgspotenziale nicht erschlossen werden [TSCH03, S. 245 ff.; FRAU00, S. 100 f.].

Dies wird auch von einer Studie zum „Controlling in der wirtschaftlichen Praxis" beschrieben. Technologie oder technologische Aspekte werden darin als notwendige Bestandteile nicht erwähnt [HAHN97, S. 36]. Wie im Weiteren gezeigt wird, existieren im Gegensatz zu anderen Einsatzgebieten des Controllings im Technologiemanagement keine vollständigen Ansätze zum Technologiecontrolling, dessen Notwendigkeit in der Literatur nicht angezweifelt wird [JUNG02b, S. 338; EVER01, S. 39 f.; EVER00b, S. 9]. Diese sowohl in der Unternehmenspraxis als auch in der wissenschaftlichen Theorie bestehenden Defizite sind Ausgangspunkt der vorliegenden Arbeit und führen zu folgenden Forschungsfragen:

Kann die operative Umsetzung von Technologiestrategien durch ein Controlling methodisch unterstützt werden?

Und wenn ja:
Wie muss ein Konzept zum Technologie-Controlling inhaltlich ausgestaltet sein, um die operative Umsetzung von Technologiestrategien zu ermöglichen?

1.2 Zielsetzung

Aufbauend auf der beschriebenen Ausgangssituation und den Forschungsfragen soll im Rahmen der vorliegenden Arbeit ein Instrumentarium geschaffen werden, das es ermöglicht, den permanenten Anpassungsproblemen technologieorientierter Unternehmen zu begegnen und die Lücke zwischen strategischen Zielsetzungen und deren Umsetzung zu schließen. Mit dem Instrumentarium werden folgende Ziele angestrebt:

- Schaffung von Transparenz
  Das Instrumentarium soll die komplexen Zusammenhänge zwischen Technologiestrategie, operativen Aufgaben des Technologiemanagements und der durchführenden Organisationseinheiten wiedergeben.

- Steuerung der Aktivitäten des Technologiemanagements
  Mit dem Instrumentarium sollen die technologieorientierten Aktivitäten auf die Technologiestrategie eines Unternehmens ausgerichtet werden.

- Kontrolle der Zielerreichung
  Im Sinne eines Ist-Soll-Abgleichs soll die Effektivität und die Effizienz des technologieorientierten Aktivitätenbündels im Hinblick auf die technologieorientierten Unternehmensziele fortlaufend überwacht werden können.

Mit dieser Arbeit soll somit für das Technologiemanagement ein Hilfsmittel bereitgestellt werden, das technologieorientierte Unternehmen in die Lage versetzt, ein unternehmensspezifisches Technologie-Controlling aufzubauen und somit die Umsetzung ihrer strategischen Technologieziele zu steuern. Dazu bedarf es zum einen der entscheidungsorientierten Aufbereitung und Klassifizierung relevanter und notwendiger Daten und Informationen. Zum anderen ist die Verknüpfung der Daten und Informationen zu einem Steuerungsinstrument vorzunehmen. Im Einzelnen sind dabei folgende Fragestellungen zu berücksichtigen:

- Welche technologieorientierten Ziele können von Unternehmen verfolgt werden?
- Welche Aufgaben sind im Rahmen eines Technologiemanagements durchzuführen?
- Wie kann der Erfolg einer technologieorientierten Aufgabe gemessen werden?
- Wer im Unternehmen kann für die Durchführung der Aufgaben verantwortlich sein?
- Welche Aufgaben des Technologiemanagements korrespondieren mit welchen unternehmerischen Zielen, und welche Organisationseinheiten können involviert sein?
- Wie sind unternehmensspezifische Aktivitäten des Technologiemanagements miteinander verknüpft, und wie kann deren Zusammenspiel im Hinblick auf die Technologiestrategie gemessen werden?
- Wie kann ein unternehmensspezifisches Technologie-Controlling aufgebaut werden?

Zur Beantwortung der formulierten Fragestellungen und zur systematischen Zielerreichung wird im Folgenden die verfolgte Forschungsmethodik und der daraus abgeleitete Aufbau der Arbeit beschrieben.

1.3 Forschungsprozess und Aufbau der Arbeit

Im Rahmen der Arbeit soll ein Controllingkonzept aufgebaut werden, mit dem nach einer allgemeingültigen Vorgehensweise die operative Umsetzung von Technologiestrategien unterstützt werden kann. Der mit dieser praxisorientierten Zielsetzung verbundene Anwendungsbezug ermöglicht die Einordnung der geplanten Arbeit in den Bereich der angewandten Wissenschaften. Das Vorgehen sowie der Aufbau der Ausarbeitung sind daher angelehnt an den Forschungsprozess für angewandte Wissenschaften nach H. ULRICH [ULRI84, S. 192 ff.]; dieser beginnt mit der Identifizierung der zu behandelnden praxisrelevanten Problemstellung und endet mit der Validierung der entwickelten Methodik (siehe Bild 1-2).

Einleitung

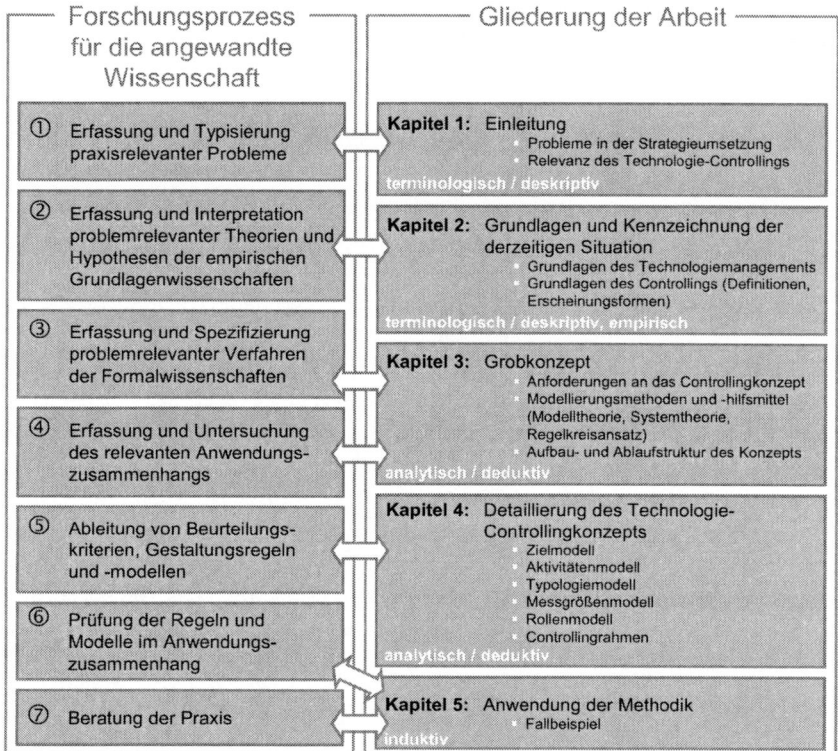

Bild 1-2: Forschungsprozess und Gliederung des geplanten Vorhabens in Anlehnung an H. ULRICH [ULRI84, S. 193]

Auf der Basis eigener Erfahrungen innerhalb verschiedener Projekte im Bereich des Technologiemanagements und Veröffentlichungen im wissenschaftlichen und industriellen Umfeld wurde in Kapitel 1 zunächst der Praxisbezug der Zielsetzung herausgestellt. Die Bedeutung des Technologie-Controllings und die bestehenden Defizite bei der operativen Umsetzung von Technologiestrategien in der Praxis bilden den Ausgangspunkt des Forschungsprozesses.

Im Weiteren erfolgt in Kapitel 2 zunächst eine genaue Untersuchung und Eingrenzung des relevanten Anwendungszusammenhangs. Als erster Schritt zur Entwicklung der Problemlösung wird eine Analyse problemrelevanter Theorien und Verfahren durchgeführt. Dazu wird eine begriffliche Einordnung des Technologiemanagements und des Controllings sowie eine Betrachtung existierender und themenverwandter Ansätze zum Technologie-Controlling vorgenommen. Diese Betrachtung umfasst Konzepte aus den Bereichen der Wirtschafts- und Ingenieurwissenschaften. Die Analyse mündet in einen empirisch und theoretisch begründeten Forschungsbedarf.

Hierauf aufbauend werden in Kapitel 3 das Anforderungsprofil und das Grundkonzept für das Controllingkonzept abgeleitet. Dies beinhaltet auch die Einbeziehung relevanter Grundsätze der Modelltheorie, der Systemtheorie und des Regelkreisansatzes. Das Grobkonzept besteht aus einem Controllingrahmen und 5 Teilmodellen zu dessen inhaltlicher Ausgestaltung. Mit der strukturellen Beschreibung dieser Teilmodelle wird das Grobkonzept abgeschlossen. Dies beinhaltet die Aufbau- und die Ablaufstruktur des Technologie-Controllingkonzeptes.

Nach H. ULRICH erfolgt im nächsten Schritt die Ableitung von Beurteilungskriterien, Gestaltungsregeln und -modellen. Diese Detaillierung wird für die einzelnen Teilmodelle in Kapitel 4 durchgeführt. Dabei wird geprüft, ob für die Lösung auf bestehende problemrelevante Ansätze der empirischen Grundlagenwissenschaften, der Formalwissenschaften oder der angewandten Wissenschaften zurückgegriffen werden kann. Die Herausforderung liegt dabei in der Adaption und Weiterentwicklung bestehender und Entwicklung neuer Methoden für die Teilmodelle. Die Teilmodelle werden auf diese Weise in geeigneter Form ausgearbeitet und zu einem durchgängigen Gesamtkonzept verknüpft.

Die Validierung des Controllingkonzepts erfolgt in Kapitel 5. Im Rahmen einer praktischen Anwendung wird anhand eines industriellen Fallbeispiels die erstmalige Einführung und Ausgestaltung eines unternehmensspezifischen Technologie-Controllingkonzeptes dargestellt. Damit wird es möglich, das Controllingkonzept als erprobt für eine weitergehende Anwendung bereitzustellen. Den Abschluss der Arbeit bildet eine Zusammenfassung.

2 Grundlagen und Kennzeichnung der derzeitigen Situation

In Kapitel 1 wurde die Ausgangssituation und die Zielsetzung der vorliegenden Arbeit beschrieben. Gemäß der Forschungsmethodik nach H. ULRICH schließt sich daran die Erfassung und Interpretation problemrelevanter Theorien und Hypothesen der empirischen Grundlagenwissenschaften an [ULRI84, S. 193]. Dazu wird zunächst der Untersuchungsbereich der Arbeit abgegrenzt. Innerhalb des Untersuchungsbereichs werden zur Schaffung eines einheitlichen Begriffsverständnisses die relevanten Forschungsfelder aufbereitet. Dabei werden grundlegende Zusammenhänge und Begriffe erklärt (Kapitel 2.1). Bestehende Ansätze aus Theorie und Praxis werden anschließend vor dem Hintergrund der Zielsetzung der Arbeit analysiert und somit der Forschungsbedarf abgeleitet (Kapitel 2.2).

2.1 Grundlegende Zusammenhänge und Eingrenzung des Untersuchungsbereichs

Die Eingrenzung des Untersuchungsbereichs erfolgt im Hinblick auf relevante Subjekte, Objekte und Prädikate. Damit wird zur zielgerichteten Entwicklung des Technologie-Controllingkonzeptes exakt abgegrenzt, für welche Unternehmen und Entscheidungsträger, welche Betrachtungsobjekte und welche Handlungen das systembildende Technologie-Controllingkonzept bereitgestellt wird. Aufbauend auf dieser Eingrenzung erfolgt innerhalb dieses Abschnitts die Beschreibung grundlegender Zusammenhänge und Begriffe.

2.1.1 Subjektorientierte Betrachtung

Ein systembildendes Technologie-Controllingkonzept muss abhängig von den individuellen Randbedingungen eines Unternehmens wie z.B. der Branche, der Unternehmensgröße, des Produkt- und Technologiespektrums oder der Fertigungstiefe unterschiedlich ausdetailliert werden. Vor diesem Hintergrund erfolgt im Rahmen der subjektbezogenen Abgrenzung die Typologisierung von Unternehmen, auf die das Technologie-Controllingkonzept ausgerichtet wird. Innerhalb dieser Grenzen gilt dann die Allgemeingültigkeit des Controllingkonzeptes.

Das systembildende Technologie-Controllingkonzept wird für große und mittlere produzierende Unternehmen ausdetailliert. Dabei liegt der Fokus auf produzierende Unternehmen, die Konsum- oder Investitionsgüter in Massen- oder Serienfertigung herstellen. Dienstleistungsunternehmen werden somit nicht berücksichtigt. Darüber hinaus richtet sich das Instrumentarium an technologieorientierte Unternehmen, die sich durch ein großes Technologiespektrum bei einer hohen Fertigungstiefe auszeichnen. Eine explizite Eingrenzung auf eine spezielle Branche wird nicht vorgenommen.

Des Weiteren erfolgt eine Eingrenzung des potenziellen Anwenderkreises innerhalb des Unternehmens. Da es sich bei dem systembildenden Technologie-Controllingkonzept um ein Führungsinstrument handelt, liegt eine Nutzung durch das Management nahe. Dabei ist das Management an dieser Stelle als Institution, die alle leitenden Instanzen eines Unternehmens berücksichtigt, zu verstehen. Im Gegensatz dazu wird zu einem späteren Zeitpunkt die Funktion des Managements beschrieben, das im weitesten Sinne alle zur Steuerung eines Unternehmens notwendigen Aufgaben beinhaltet [SCHI03, S. 95 f.]. Ausgehend von der jeweiligen Stellung in der Unternehmenshierarchie wird das Management anhand der Tätigkeitsschwerpunkte in das obere, mittlere und untere Management unterteilt werden (siehe Bild 2-1). Schwerpunkt der Aufgaben des oberen Managements (z.B. Vorstand, Geschäftsführer) stellen strategische Entscheidungen dar. Dies beinhaltet beispielsweise die Festlegung von Technologiestrategien. Das mittlere Management (z.B. Werksleiter, Abteilungsdirektoren) ist überwiegend mit dispositiven Entscheidungen und Anordnungen beauftragt. Bei den Aufgaben der unteren Managementebene (z.B. Büroleiter, Werksmeister) stehen Ausführungstätigkeiten im Vordergrund [SCHI03, S. 95].

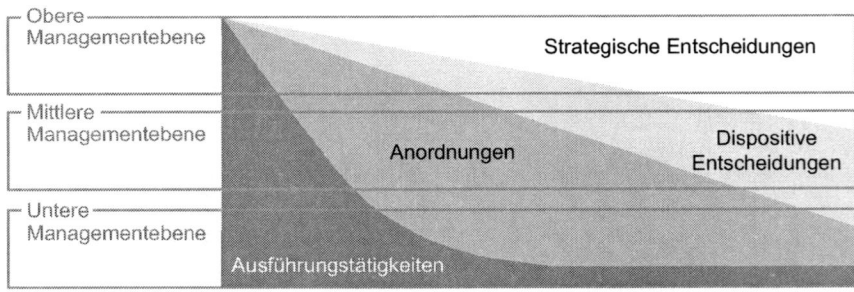

in Anlehnung an [SCHI03, S. 95]

Bild 2-1: Tätigkeitsschwerpunkte der Managementebenen

Aufgabe des Technologie-Controllings ist die Umsetzung von Technologiestrategien durch die operativen Einheiten. Technologiestrategien stellen somit Eingangsinformationen dar, deren Erstellung in der vorliegenden Arbeit nicht berücksichtigt wird. Vielmehr unterstützt das Technologie-Controlling die Entscheidung, welche technologieorientierte Aktivität von wem und mit welchem Ziel durchgeführt werden soll. Vor diesem Hintergrund richtet sich das Instrumentarium eines systembildenden Technologie-Controllings an Führungskräfte des mittleren Managements. Da die Aktivitäten des Technologiemanagements nicht auf einzelne Funktionsbereiche begrenzt ist, kann an dieser Stelle keine Eingrenzung auf einzelne Funktionsbereiche vorgenommen werden. Dies ist unternehmensspezifisch festzulegen.

2.1.2 Objektorientierte Betrachtung

Das Betrachtungsobjekt des Technologie-Controllings sind Technologien und Technik. Die Begriffe Technik und Technologie werden in der Literatur uneinheitlich verwendet. Beide Bezeichnungen gehen zwar auf das griechische Wort „technikos" zurück, das handwerkliches und kunstfertiges Verfahren bedeutet [WOLF91, S. 3 f.]. Sie beschreiben dennoch unterschiedliche Inhalte. Eine Möglichkeit zur inhaltlichen Abgrenzung besteht über den Systemansatz (siehe Bild 2-2). Dieser unterscheidet in Wissensbasis (Input), in Problemlösungsweg (Prozess) und in Problemlösung (Output).

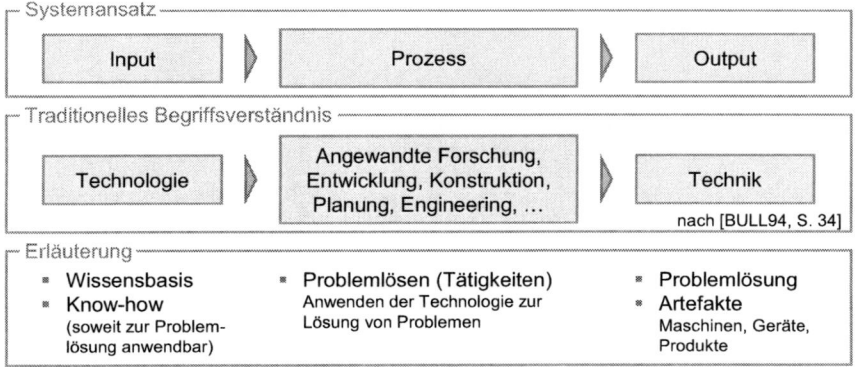

Bild 2-2: Traditionelles Begriffsverständnis von Technologie und Technik auf Basis des Systemansatzes

Übertragen auf Technik und Technologie bezeichnen beide Begriffe sowohl die Problemlösung als auch den Lösungsweg. Die Wissensbasis wird jedoch meist ausschließlich als Technologie bezeichnet [BULL94, S. 33]. In Anlehnung an BULLINGER stellt Technologie nach dem traditionellen Begriffsverständnis das Wissen um naturwissenschaftlich-technische Zusammenhänge zur technischen Problemlösung dar. Somit ist Technologie die Ausgangsbasis zur Entwicklung von Verfahren und Produkten. Die resultierenden Ergebnisse werden als Technik bezeichnet und stellen konkrete Anwendungen einer oder mehrerer Technologien zur konkreten Problemlösung dar [BULL96, S. 4-27; WOLF94, S. 3 f.].

Eine derartige Trennung der Begriffe Technik und Technologie ist für die vorliegende Arbeit zu hinterfragen. Schließlich basiert jede Technik beispielsweise in Form einer Maschine auf einer oder mehreren Technologien und verkörpert somit deren Anwendung. Darüber hinaus ist die begriffliche Trennung nur im wissenschaftlichen deutschen Sprachgebrauch zu finden, obwohl im allgemeinen Sprachgebrauch beide Begriffe meist synonym verwendet werden [DUDE04, S. 957]. Vor diesem Hintergrund schlagen BINDER und KANTOWSKY ein integratives Begriffssystem vor, das die strikte Trennung von Technologie als Wissen und Technik als Anwendung nicht weiter verfolgt. Technologie beinhaltet demnach Wissen, Kenntnisse und Fertigkeiten zur Lösung technischer Probleme sowie Anlagen und Verfahren zur praktischen Umsetzung naturwissenschaftlicher Erkenntnisse. Dabei wird Technik somit als Untersystem der Technologie betrachtet (siehe Bild 2-3), bleibt jedoch trotzdem eingebettet in das traditionelle Begriffsverständnis, das Technik als Materialisierung der Technologie definiert [BIND96, S. 90 ff.]. Insgesamt wird Technologie zum übergeordneten Begriff. Dieses integrative Begriffsverständnis wird für die vorliegende Arbeit übernommen.

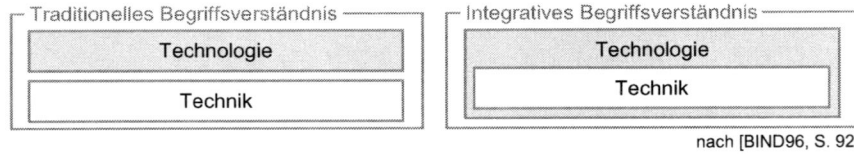

nach [BIND96, S. 92]
Bild 2-3: Unterschiedliche Begriffsverständnisse für Technologie und Technik

Neben der Vielzahl unterschiedlicher Begriffsdefinitionen des Terminus Technologie existieren verschiedene Klassifizierungsansätze für Technologien [WOLF94, S. 4 f.; GERP99, S. 25 ff.; BIND96, S. 92 ff.; TSCH98, S. 229 ff.]. Technologien lassen sich nach Einsatzgebiet oder Funktion in Produkt-, Produktions- und Materialtechnologien unterscheiden [SCHU03, S. 1]. Produkttechnologien bezeichnen dabei Technologien, die zur Erfüllung einer Aufgabenstellung eines Endproduktes eingesetzt werden. Produktionstechnologien werden zur Herstellung von Produkten benötigt [BULL96, S. 4-27; QIAN02, S. 28]. Materialtechnologien entsprechen dem Kundenwunsch nach immer leistungsfähigeren Produkten, die zugleich gesundheitlich unbedenklich und umweltfreundlich sein sollen. Dies kann in vielen Fällen nur mit Hilfe neu entwickelter Materialien realisiert werden. Neue Erkenntnisse sorgen dabei dafür, dass auch bisher unrealistisch erscheinende Ansprüche durch moderne Materialien erfüllt werden können [FRAU98, S. 14].

Ein weiteres Klassifizierungskriterium stellen Interdependenzen, d.h. Beziehungen zwischen Technologien, dar. Hier wird zum einen in Einzel- und Systemtechnologien unterschieden. Systemtechnologien beinhalten dabei ein Bündel von Technologien, das hohe Anforderungen an die Technologiekompetenz eines Unternehmens stellt. Einzeltechnologien hingegen bestehen lediglich aus einer losgelösten Technologie. Zum anderen lassen sich unter dem Kriterium der Interdependenzen komplementäre und konkurrierende Technologien differenzieren. Komplementärtechnologien ergänzen sich gegenseitig und können zu einer besseren Problemlösung führen. Konkurrenztechnologien können für ein und den selben Einsatzzweck eingesetzt werden und beinhalten somit eine Substitutionsgefahr [ZAHN95, S. 7; QIAN02, S. 29; GERP99, S. 25 ff.; WOLF94, S. 4]]. Demnach können Konkurrenztechnologien, wenn sie auch unter technisch-ökonomischen Gesichtspunkten Vorteile versprechen, zu Substitutionstechnologien werden. Ist die Substitution erfolgreich, so werden diese Technologien als Killertechnologien bezeichnet [BULL96, S. 4-28].

Über die Anwendungsbreite in unterschiedlichen Branchen erfolgt die Differenzierung in Querschnitts- und speziellen Technologien. Querschnittstechnologien sind in unterschiedlichen Anwendungsfeldern in verschiedenen Branchen einzusetzen und bilden häufig die Basis für andere Technologien. Spezielle Technologien können nur für einen konkreten Anwendungsfall genutzt werden und stellen somit branchenspezifische Lösungen dar [QIAN02, S. 31; BULL96, S. 4-28; GERP99, S. 25 ff.].

Abschließend sei noch die Unterscheidung gemäß des Wettbewerbspotenzials einer Technologie beschrieben (siehe Bild 2-4). Diese Klassifizierung wurde von der Unternehmensberatung A. D. Little entworfen [LITT93]. Dabei werden Technologien über ihren gesamten Lebenszyklus von der Entstehung über das Wachstum und die Reife bis zum Alter betrachtet. Den einzelnen Lebenszyklusphasen können anschließend Technologietypen zugeordnet werden.

Nach dem Konzept des Technologielebenszyklus erfolgt eine Klassifizierung in Schrittmacher-, Schlüssel-, Basis- und verdrängte Technologie. Schrittmachertechnologien befinden sich noch in der Entstehungsphase. Aktuelle wissenschaftliche Erkenntnisse werden in neue Problemlösungen umgesetzt. Sie besitzen ein hohes Entwicklungspotenzial und können somit einen wesentlichen Einfluss auf die Entwicklung eines Unternehmens nehmen. Wird das Wettbewerbspotenzial dieser Technologien in der Wachstumsphase schon zu einem großen Anteil ausgeschöpft, so werden die Technologien als Schlüsseltechnologien bezeichnet. Diese stellen einen festen Bestandteil des Technologiespektrums einer Branche dar, der allerdings nicht allen Wettbewerbern zugänglich ist, und beeinflussen demnach signifikant die Wettbewerbschancen eines Unternehmens. Basistechnologien stellen kein Differenzierungsmerkmal mehr dar. Die Technologien sind weit verbreitet und allgemein verfügbar. Das Wettbewerbspotenzial ist in dieser Reifephase nahezu ausgeschöpft. Verdrängte Technologie befinden sich in der Substitutionsphase und werden von neuen Schlüsseltechnologien ersetzt [BULL96, S. 4-27; QIAN02, S.29 f., WOLF94, S. 5 f.; KHAL00, S. 80 f.].

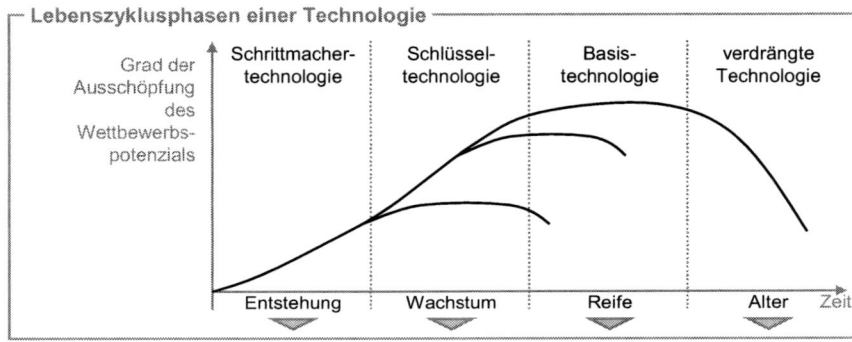

Indikatoren				
Unsicherheit über technische Leistungsfähigkeit	hoch	mittel	niedrig	sehr niedrig
Investitionen in Technologieentwicklung	niedrig	maximal	niedrig	vernachlässigbar
Breite der potenziellen Einsatzgebiete	unbekannt	groß	etabliert	abnehmend
Typ der Entwicklungsanforderung	wissenschaftlich	anwendungsorientiert	anwendungsorientiert	kostenorientiert
Auswirkungen auf Kosten-/ Leistungs-Verhältnis	sekundär	maximal	marginal	marginal
Zahl der Patentanmeldungen/ Typ der Patente	zunehmend, Konzeptpatente	hoch, produktbezogen	abnehmend, verfahrensbezogen	
Zugangsbarrieren	wissenschaftliche Fähigkeiten	Personal	Lizenzen	Know-how
Verfügbarkeit	sehr beschränkt	Restrukturierung	marktorientiert	hoch

nach [BULL94, S. 116]

Bild 2-4: Technologielebenszyklus

Für die vorliegende Arbeit sind alle zuvor beschriebenen Technologien relevant. Ein Technologie-Controlling darf nicht nur auf einzelne Technologiearten begrenzt werden, da dies einer ganzheitlichen Ausrichtung technologischer Aktivitäten widersprechen würde.

An dieser Stelle soll noch einmal auf die besondere Bedeutung von Technologien für Unternehmen eingegangen werden. Wie schon in Kapitel 1 dargestellt, sind Technologien ein entscheidender Erfolgsfaktor für produzierende Unternehmen. Zum einen bieten Technologien ein Differenzierungskriterium am Markt, das sich in besseren Produkten mit einer hohen Leistungsfähigkeit und hoher Qualität widerspiegelt. Zum anderen können durch den Einsatz moderner Produktionstechnologie Kostenvorteile erzielt werden [QIAN02, S. 35 f., TSCH98, S. 194]. Hinzu kommt, dass Technologien einen erheblich längeren Lebenszyklus haben als Produkte und somit eine Fokussierung unternehmerischer Entscheidungen auf Technologien nachhaltige Erfolgspotenziale beinhaltet. Somit sollten Produkt-, Produktions- und Materialtechnologien und nicht die Produktentwicklung die Basis für markfähige Produkte bilden, um nachhaltige Wettbewerbsvorteile aufbauen zu können [SCHU03, S. 1]. Dieser Grundgedanke, der Technologien in den Mittelpunkt unternehmerischer Entscheidungen stellt, ist der Ausgangspunkt der vorliegenden Arbeit.

2.1.3 Prädikatorientierte Betrachtung

Im Rahmen der prädikatorientierten Betrachtung erfolgt zunächst die Einordnung des Technologie-Controllings in die Unternehmensführung, die in Anlehnung an den internationalen Sprachgebrauch durch den Begriff Management ersetzt wurde [BLEI96, S. 1-1]. Daran schließt sich eine Darstellung des Technologiemanagements im Speziellen an. Dies beinhaltet grundlegende Zusammenhänge und Begriffe sowie eine Abgrenzung zu benachbarten Managementdisziplinen. Den Abschluss bildet eine detaillierte Sicht auf das Controlling als Hilfsmittel zur Unternehmensführung.

2.1.3.1 Management

In Abschnitt 2.1.1. wurde das Management als Institution beschrieben. Der Fokus dieses Abschnittes liegt auf dem Management als Funktion. Dies beinhaltet im weitesten Sinne alle zur Steuerung einer Unternehmung notwendigen Aufgaben [SCHI03, S. 96]. Management stellt somit die Antwort von Unternehmen auf den fortschreitenden Wandel des unternehmerischen Umfeldes dar. Ziel ist es, durch die Entwicklung der unternehmensspezifischen inneren Strukturen der äußeren Komplexität Herr zu werden. Dies führt allerdings zu einer wachsenden, selbst geschaffenen inneren Komplexität [BLEI96, S. 1-11 f.]. Vor diesem Hintergrund wurde von BLEICHER das Konzept des integrierten Managements zur Orientierung aufgestellt. Das Konzept, auch St. Galler Managementkonzept genannt, stellt einen Bezugsrahmen dar, der im Folgenden zur Einordnung der vorliegenden Arbeit herangezogen wird.

Der Bezugsrahmen dient der Betrachtung, Diagnose und Lösung von Managementproblemen und gibt einen Überblick über die Dimensionen und Module eines integrierten Managements [BLEI01, S. 72]. Ausgehend von der Managementphilosophie, die sich in Visionen widerspiegelt, unterscheidet das Konzept in das normative, strategische und operative Management, die im Hinblick auf Strukturen, Aktivitäten und Verhalten zu integrieren sind (siehe Bild 2-5) [BLEI96, S. 1-12; BLEI01, S. 77].

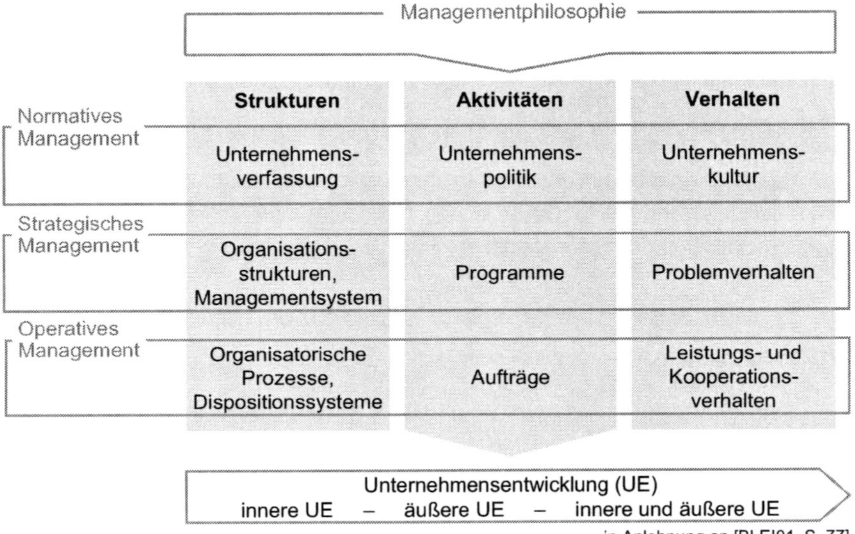

	Strukturen	Aktivitäten	Verhalten
	Managementphilosophie		
Normatives Management	Unternehmens-verfassung	Unternehmens-politik	Unternehmens-kultur
Strategisches Management	Organisations-strukturen, Managementsystem	Programme	Problemverhalten
Operatives Management	Organisatorische Prozesse, Dispositionssysteme	Aufträge	Leistungs- und Kooperations-verhalten

Unternehmensentwicklung (UE)
innere UE – äußere UE – innere und äußere UE

in Anlehnung an [BLEI01, S. 77]

Bild 2-5: St. Galler Managementkonzept

Das normative Management gibt die generellen Ziele eines Unternehmens vor. Diese beinhalten Prinzipien, Normen und Spielregeln zur nachhaltigen Sicherung der Lebens- und Entwicklungsfähigkeit eines Unternehmens. Dabei beinhaltet die Sicherung der Lebensfähigkeit den Aufbau einer eigenen Unternehmensidentität. Die Entwicklungsfähigkeit wird durch die Veränderung im Sinne eines positiven Wandels gesichert. Ausgangspunkt bilden Visionen, die ein konkretes Zukunftsbild, das zwar in weiter Ferne liegt, aber dennoch einen Realitätsbezug aufweist, beschreiben. Ausgehend von Visionen wird die Unternehmenspolitik von der Unternehmenskultur und -verfassung getragen. Unternehmenspolitik entspricht dabei der Festlegung von unternehmerischen Zielen [BLEI96, S. 2-6]. Weiche Faktoren werden unter dem Begriff Unternehmenskultur zusammengefasst und beinhalten sowohl die kognitiven Fähigkeiten eines Unternehmens als auch die geprägten Einstellungen der Mitarbeiter im Hinblick auf Aufgaben, Produkte und Kollegen [BLEI96, S. 2-38]. Die Unternehmensverfassung wirkt als struktureller Rahmen für die Entwicklung von Nutzenpotenzialen [BLEI96, S. 2-18 f.]. Ziel ist es, Nutzenpotenziale für Anspruchsgruppen aufzubauen. Diese Potenziale definieren den Zweck eines Unternehmens im Hinblick auf die Wirtschaft und die Gesellschaft und vermitteln seinen Angehörigen den

Sinn und die Identität einer Unternehmung. Das normative Management bildet somit den Ausgangspunkt für die Aktivitäten des Managements [BLEI95, S. 74 f.; BLEI96, S. 1-13].

Das strategische Management beinhaltet den Aufbau, die Pflege und die Ausbeutung von Erfolgspotenzialen unter Einsatz eigener Ressourcen. Erfolgspotenziale spiegeln dabei produkt- und marktspezifische erfolgsrelevante Voraussetzungen wider, die vor einer Umsetzung vorhanden sein müssen [GÄLW05, S. 28]. Diese Definition wurde von PÜMPIN in Bezug zu wettbewerbsrelevanten Aspekten eines Unternehmens erweitert und als strategische Erfolgspositionen bezeichnet [PÜMP86, S. 33 f.]. Die gesammelten Erfahrungen und Kenntnisse eines Unternehmens im Hinblick auf Märkte und Technologien stellen dessen Erfolgspotenziale dar und zeigen sich in der Marktposition. Um Erfolgspotenziale langfristig abzusichern und auszubauen, stehen Programme, Strukturen und das Problemverhalten der Mitarbeiter im Mittelpunkt des strategischen Managements. Programme beinhalten die Wege zur Verwirklichung der Unternehmenspolitik, die durch konkrete Ziele und Maßnahmen ausgerichtet werden [BLEI01, S. 276]. Im Hinblick auf Strukturen wird auf die zweckgerechte Gestaltung sozialer Systeme fokussiert. Durch eine arbeitsteilige Gliederung kann somit die Begrenztheit der menschlichen Komplexitätsverarbeitung Rechnung getragen werden [BLEI01, S. 319]. In diesem Zusammenspiel hat das strategische Management die Aufgabe, die vom normativen Management begründeten Aktivitäten auf die Unternehmensziele auszurichten [BLEI01, S. 74 f.].

Während beim strategischen Management der Effektivitätsgedanke im Vordergrund steht, der sich durch die Festlegung der richtigen Aktivitäten begründet, ist beim operativen Management der Effizienzgedanke bestimmend. Dies manifestiert sich in der richtigen Ausführung der Aktivitäten [BLEI96, S. 1-13]. Kern des operativen Managements ist die Umsetzung von normativen und strategischen Vorgaben in Operationen, die auf leistungs-, finanz- und informationswirtschaftliche Prozesse gerichtet sind. Dabei steht zunächst die Lenkung von Aufträgen, die die unternehmenspolitische Mission und die strategischen Programme konkretisieren, im Mittelpunkt. Flankierend sind organisatorische Prozesse durch Einzelmaßnahmen an sich wandelnde Bedingungen anzupassen. Im Hinblick auf das Mitarbeiterverhalten besteht innerhalb des operativen Managements die Notwendigkeit einer verhaltensbezogenen situativen Lenkung als Konkretisierung unternehmenskultureller Werthaltung [BLEI01, S. 435 ff.].

Das normative, strategische und operative Management wird in vertikaler Richtung durchgängig durch die Aspekte Aktivitäten, Strukturen und Verhalten integriert. Da-

Grundlagen und Kennzeichnung der derzeitigen Situation

bei erfolgt eine zunehmende Konkretisierung über die einzelnen Managementdimensionen. Im Hinblick auf Aktivitäten werden ausgehend von der Unternehmenspolitik, die sich in Missionen niederschlägt, die Programme in konkrete Aufträge überführt. Strukturen erfahren eine Detaillierung bis hin zu organisatorischen Prozessen, die durch Dispositionssysteme gesteuert werden. Ausgangspunkt stellt dabei die Unternehmensverfassung dar, die im Rahmen von Organisationsstrukturen und Managementsystemen konkretisiert wird. Das Verhalten wird zunächst auf normativer Ebene begründet. Dies ist in der Unternehmenskultur verankert. Davon ausgehend wird das erstrebte Verhalten bezüglich der Rollen der Mitarbeiter sowie deren Lern- und Führungsverhalten detailliert. Dies mündet auf operativer Ebene im Leistungsverhalten der Mitarbeiter [BLEI96, S. 1-13 f.].

Das dargestellte integrierte Managementkonzept nach BLEICHER kann nun zur Einordnung der vorliegenden Arbeit genutzt werden. Das systembildende Technologie-Controllingkonzept hat die Aufgabe, strategische Zielvorgaben umzusetzen. Somit erfolgt zunächst eine Eingrenzung der vorliegenden Arbeit auf das strategische und das operative Management, dessen Schnittstelle es auszugestalten gilt. Des Weiteren kann eine vertikale Eingrenzung vorgenommen werden. Im Kern der Arbeit stehen die Aufgaben des Technologiemanagements, die dem Aspekt der Aktivitäten zugeordnet werden. Darüber hinaus sind Implikationen der Organisationsstrukturen und -prozesse zu berücksichtigen, so dass die vertikale Strukturdimension einbezogen werden muss.

2.1.3.2 Technologiemanagement

Wie schon in den vorangegangenen Abschnitten beschrieben, haben Technologien einen wesentlichen Einfluss auf die Wettbewerbsfähigkeit von Unternehmen. Auf der einen Seite stellen neue Technologien strategische Unternehmensressourcen mit erheblichen Entwicklungschancen dar. Auf der anderen Seite bedrohen neue Technologien diejenigen Unternehmen, die ihre Erfolgsposition auf veralteten Technologien gründen. Unternehmen sind somit gezwungen, Technologien schnell und kundenorientiert zu entwickeln, einzusetzen und rechtzeitig zu substituieren [BULL96, S. 4-26]. Um dies zu realisieren, sind eine Vielzahl an unterschiedlichen Fragen (siehe Bild 2-6) zu beantworten. Zur Beantwortung derartiger Fragen bedarf es der Ergänzung der Managementkompetenz eines Unternehmens durch technologische Kompetenzen. Dieser Herausforderung soll durch das Technologiemanagement Rechnung getragen werden. Zur Schaffung einer einheitlichen Begriffsgrundlage wird im Folgenden zunächst der Begriff des Technologiemanagements definiert und eine inhaltliche Beschreibung der Teilelemente vorgenommen. Anschließend erfolgt eine

Abgrenzung des Technologiemanagements von benachbarten Managementdisziplinen.

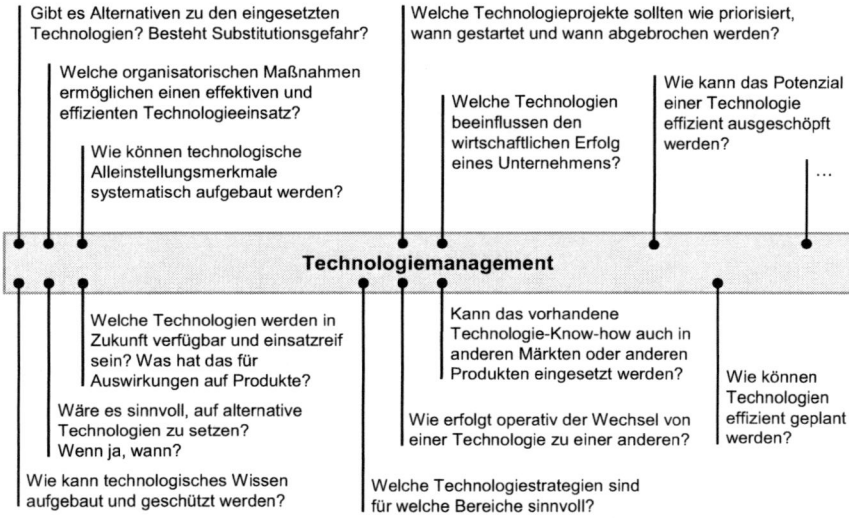

Bild 2-6: Fragen des Technologiemanagements (Beispiele)

Das Technologiemanagement ist in der Vergangenheit unterschiedlichen Definitionen[1] unterworfen worden. Bei fast allen Autoren steht jedoch der Planungsaspekt des Technologiemanagements im Vordergrund. Dabei beinhaltet das Technologiemanagement die Planungsaktivitäten zur langfristigen Sicherung und Stärkung der Marktposition eines Unternehmens. Im Fokus steht die gezielte Änderung einer Technologie, eines Produktes oder der eingesetzten Produktionstechnologie [BIND96, S. 96 ff.; SPUR98, S. 105]. Für die vorliegende Arbeit wird das Begriffsverständnis nach BULLINGER übernommen:

„ [...] *Technologiemanagement* [ist] *die integrierte Planung, Gestaltung, Optimierung, Einsatz und Bewertung von technischen Produkten und Prozessen aus der Perspektive von Mensch, Organisation und Umwelt. Ziel ist die Verbesserung von Produktivität und Arbeitswelt und damit einerseits die Erhöhung der Wettbewerbsfähigkeit des Unternehmens und andererseits der Arbeits- und Lebensqualität für die Organisationsmitglieder.*" [BULL94, S. 39].

---

[1] Zur detaillierten Auseinandersetzung mit den unterschiedlichen Definitionen des Technologiemanagements wird auf TSCHIRKY [TSCH98, S. 194 ff.] verwiesen.

Konkret bedeutet dies, dass das Technologiemanagement die Aufgabe hat, für aktuelle und künftige Leistungen die benötigte Technologie (Produkt-, Produktions- und Materialtechnologie) zum richtigen Zeitpunkt und zu angemessenen Kosten verfügbar zu machen [WALK03, S. 10].

Das Technologiemanagement stellt somit einen inhaltlichen Teilbereich der Unternehmensführung dar [TSCH03, S. 28], der nicht als spezialisierte organisatorische Einheit anzusehen ist [BULL96, S. 4-26]. Dies ist eine Folge der Querschnittsfunktion des Technologiemanagements, so dass technologieorientierte Aktivitäten funktionsübergreifend und unternehmensweit verteilt sind. Das Technologiemanagement stellt somit die Schnittstelle zwischen Unternehmensführung und Technologie dar und verbindet die Aufgaben der Unternehmensführung mit Fragen zu den innerhalb einer Unternehmung genutzten oder entwickelten Technologien (siehe Bild 2-7) [BIND94, S. 96; SEGH89, S. 19].

nach [SEGH89, S. 19]

Bild 2-7: Technologiemanagement als interdisziplinäre Aufgabe

Gemäß des im vorangegangenen Abschnitt beschriebenen St. Galler Managementkonzepts kann das Technologiemanagement in normative, strategische und operative Aspekte unterschieden werden [SPEC02, S. 363]. Normatives Technologiemanagement nimmt Bezug auf die Wechselwirkungen von Technik, Gesellschaft, Wirtschaft sowie Ökologie und manifestiert sich in der Technologiepolitik und dem Technologieleitbild. Analog zur Unternehmenspolitik beschreibt die Technologiepolitik die Grundorientierung eines Unternehmens im Hinblick auf technologische Fragestellungen. Originäre technologiebedingte Entscheidungen werden im Technologieleitbild festgelegt [BULL96, S. 4-30 f.; TSCH98, S. 272 ff.]. Die vorliegenden Arbeit liefert keinen Beitrag zum normativen Technologiemanagement, sondern fokussiert auf das strategische und das operative Technologiemanagement, so dass diese Bereiche im Folgenden detaillierter dargestellt werden.

Das strategisches Technologiemanagement richtet sich auf die Schaffung und Steuerung von technologischen Erfolgspositionen. Dabei werden unternehmensinterne und -externe Technologien aus Entstehungs- und Verwertungssicht betrachtet und deren strategische Bedeutung für ein Unternehmen bewertet [SPEC03, S. 360]. Dies beinhaltet die Definition von technologischen Wettbewerbspositionen, die Ausrichtung von FuE- und Innovationsprozessen auf wettbewerbsrelevante Technologien und die Einbringung von technologischen Leistungspotenzialen in die Wettbewerbsstrategien von Unternehmen [BULL94, S. 85]. Das Ergebnis stellen Technologiestrategien dar.

Zur Systematisierung der Aufgaben des strategischen Technologiemanagements kann der strategische Managementprozess herangezogen werden [BULL94, S. 40; EWAL89, S. 21; WOLF94, S. 133]. In Bild 2-8 sind die einzelnen Phasen dargestellt.

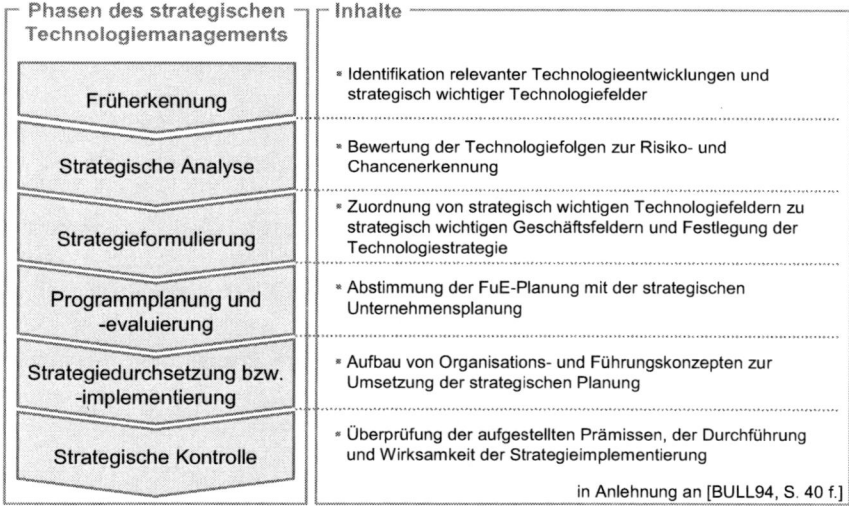

Bild 2-8: Systematisierung der Aufgaben des strategischen Technologiemanagements

Im Rahmen der Früherkennung sind Veränderungen im Unternehmensumfeld, die Chancen oder Risiken für ein Unternehmen nach sich ziehen können, mit zeitlichem Vorlauf zu signalisieren. Für das Technologiemanagement bedeutet dies, fortlaufend neue Technologien zu identifizieren und zu beobachten [BULL94, S. 40; LICH03, S. 111 ff.; WOLF94, S. 44]. Die Bewertung der strategischen Bedeutung der neuen Technologien für ein Unternehmen erfolgt innerhalb der strategischen Analyse. Neue Technologien werden im Hinblick auf Stärken und Schwächen eines Unternehmens untersucht und daraufhin als neutral, risikobehaftet oder chancenreich eingestuft. Aufbauend auf diese Bewertung neuer Technologien und deren Spiegelung an unternehmensspezifischen technologischen Fähigkeiten wird die Technologiestrategie als Teil der Wettbewerbsstrategie eines Unternehmens formuliert. Die Technologiestrategie befasst sich mit der Auswahl, dem Timing, der Quelle, dem Leistungsniveau und der Vermarktung von Technologien. Dabei wird festgelegt, welche Technologien entwickelt bzw. eingesetzt werden, wann die Entwicklung bzw. die Einführung der Technologien erfolgt, welche Wettbewerbsposition eingenommen und wie die Technologie vermarktet werden soll [BULL94, S. 41; BULL96, S. 4-33; SPEC02, S. 377; WOLF94, S. 77 f.; TSCH98, S. 270]. Die Programmplanung und -evaluierung dient der Abstimmung der FuE-Planung mit der strategischen Unternehmensplanung. Diese Programme beinhalten die Wege zur Verwirklichung der Technologiestrategie, die durch konkrete Ziele und Maßnahmen ausgestaltet werden muss [E-WAL89, S. 20; BLEI01, S. 276 f.; BULL94, S. 41]. Die anschließende Phase der Strategiedurchsetzung bzw. -implementierung beinhaltet den Aufbau von Organisations- und Führungskonzepten zur Entwicklung, Einführung, Herstellung und zum Vertrieb von Technologien [BULL94, S. 41; LOWE95, S.101]. Dabei ist die Frage zu beantworten, wie der Übergang zu einer neuen Technologie geschaffen werden kann. Den Abschluss bildet die strategische Kontrolle. Dies beinhaltet zum einen eine Prämissenkontrolle, die fortlaufend die Richtigkeit der Basisinformationen der strategischen Analyse überwacht [BULL94, S. 41]. Zum anderen wird die Durchführung und die Wirksamkeit der Strategieimplementierung kontrolliert [BULL94, S. 41]. Die Phasen der Programmplanung, der Strategieimplementierung und der strategischen Kontrolle stellen die Ausgangsbasis für die operative Umsetzung der Technologiestrategien in einem Unternehmen dar. Vor diesem Hintergrund wird die vorliegende Arbeit unter anderem einen Beitrag zu diesen drei Phasen des strategischen Technologiemanagements leisten. Dies beinhaltet eine Unterstützung der Auswahl und Planung der richtigen technologieorientierten Aktivitäten, deren Koordination sowie eine fortlaufende Erfolgskontrolle.

Nach BULLINGER bleibt die Strategieplanung des Technologiemanagements reines Papierwerk, wenn deren Umsetzung durch die operativen Einheiten eines Unternehmens ineffizient und inkonsequent erfolgt. Vor diesem Hintergrund befasst sich das operative Technologiemanagement mit kurz- bis mittelfristigen Führungsfragen zur effizienten Umsetzung der Technologiestrategien in ökonomischen Erfolg. Das operative Technologiemanagement ist dabei von einer Vielzahl an Aktivitäten und Entscheidungen geprägt. Dies beinhaltet beispielsweise die Weiterentwicklung bestehender Technologien oder die Integration neuer Technologien. Alle diese Aktivitäten und Entscheidungen sind auf die strategischen Vorgaben auszurichten [BULL94, S. 179; SPEC02, S. 360]. Genau diese Aufgabe an der Schnittstelle zwischen dem strategischen und operativen Technologiemanagement ist zentraler Inhalt der vorliegenden Arbeit.

Nachdem zuvor die nach innen gerichtete Beschreibung des Technologiemanagements abgeschlossen wurde, erfolgt nun ein Blick auf die umgebenden Disziplinen.

Dies beinhaltet neben natur- und ingenieurwissenschaftlichen Fachgebieten Inhalte der Betriebs- und Volkswirtschaftlehre, der Soziologie, der Rechtswissenschaften, etc.. Somit nimmt das Technologiemanagement, wie schon in den vorangegangenen Kapiteln beschrieben, eine Querschnittsaufgabe an der Schnittstelle zwischen Technologie und Management ein [SEGH89, S. 19]. Dieses Spannungsfeld beinhaltet neben dem Technologiemanagement auch benachbarte Managementbereiche, die eine Vielzahl an Anknüpfungspunkten und zum Teil überlappende Themengebiete zum Technologiemanagement abdecken [ZAHN95, S. 15]. Im Wesentlichen handelt es sich dabei um das Innovationsmanagement und das FuE-Management. Für die vorliegende Arbeit ist es von Bedeutung, das Technologiemanagement gegenüber diesen Bereichen abzugrenzen, um einen fokussierten Betrachtungsbereich festlegen zu können.

Nach BINDER und KANTOWSKI kann eine Abgrenzung der Managementbereiche anhand einer Matrix mit den Achsen Bezugsobjekt und Aufgabenumfang veranschaulicht werden. Als Bezugsobjekte werden zum einen Technologien und zum anderen Leistungen, die sich in Produkten oder Dienstleistungen widerspiegeln, unterschieden. Der Aufgabenumfang wird unterteilt in die Phasen der Entstehung und der Verwertung von Technologien und Leistungen (siehe Bild 2-9) [BIND96, S. 99].

Das Technologiemanagement ist vornehmlich auf die Entstehungs- und Verwertungssicht in Bezug auf Technologien gerichtet. Die Entstehungssicht berücksichtigt dabei die Neu- und Weiterentwicklung von bestehenden und neuen Technologien. Die Verwertungssicht bezeichnet die Anwendung der Technologiekompetenz entlang des gesamten Technologielebenszyklusses [HAUS97, S. 28; SPET02, S. 18; ZAHN95, S. 15]. Darüber hinaus beinhaltet es auch die von Technologien getragenen Leistungen, z.B. in Form von Produkttechnologien.

Aufgabe des Innovationsmanagements ist das Management aller Aktivitäten des Produktentstehungs- und Markteinführungsprozesses [BETZ93, S. 8; SPET02, S. 18; STIP99, S. 38]. Dies bezieht sich auf Neuerungen im Generellen, die sich z.B. in neuen Produkten, neuen Organisationsformen oder auch in neuen Technologien wiederfinden [ZAHN95, S. 15]. Das Managen des Umbruchs inklusive der Durchsetzungs- und Diffusionsproblematik ist demnach ein zentraler Aspekt des Innovationsmanagements. Entsprechend dieser Erläuterung kann das Innovationsmanagement in die beschriebene Matrix eingeordnet werden und fokussiert somit vornehmlich auf den Leistungsbereich der Matrix, berücksichtigt dabei auch die Entstehung neuer Technologien [BIND96, S. 100].

Grundlagen und Kennzeichnung der derzeitigen Situation

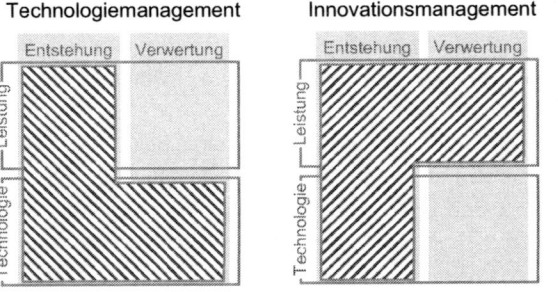
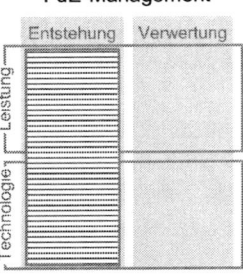

nach [BIND96, S. 99 ff.]
Bild 2-9: Einordnung themenverwandter Managementdisziplinen

Forschung- und Entwicklung hat einerseits den generellen Erwerb neuer Erkenntnisse (Forschung) und andererseits deren erstmalige konkrete Anwendung und praktische Umsetzung (Entwicklung) zum Ziel [GABL97, S. 1372]. Das FuE-Management richtet sich in diesem Zusammenhang auf die planerischen Aktivitäten. Es ist zum einen auf die Erzeugung technologischen Wissens durch systematisch durchgeführte naturwissenschaftliche Prozesse ausgerichtet. Zum anderen stehen neue Anwendungen im Fokus [KERN77, S. 16]. Das Bezugsobjekt des FuE-Managements stellen sowohl Technologien als auch Leistungen dar. Der Aufgabenumfang bleibt auf die Entstehung begrenzt [BIND96, S. 101].

In Bild 2-9 sind die Einordnungen der einzelnen Managementdisziplinen graphisch dargestellt. Zusammenfassend wird erkennbar, dass eine überschneidungsfreie Trennung der Disziplinen nicht möglich ist. Das Technologie- und das Innovationsmanagement überlappen und ergänzen sich. Das FuE-Management stellt die Schnittmenge zwischen dem Technologie- und dem Innovationsmanagement dar (siehe Bild 2-10) [BIND96, S. 103; BROC92, S. 51; BUER96, S. 15].

Bild 2-10: Zusammenhang themenverwandter Managementdisziplinen

2.1.3.3 Controlling

Ausgehend von der Praxis wurde Controlling als Disziplin der Betriebswirtschaftslehre entwickelt. Bis heute konnte dem Controlling noch kein einheitliches Begriffsverständnis zugeordnet werden. Der Grund für die Vielschichtigkeit der Begriffsdefinitionen ist in deren Kontextabhängigkeit zu finden [HAHN97, S.16; HORV03, S. 73 ff.;

PREI95, S. 43; WEBE04, S. 22; ZENZ98, S. 28]. Vor diesem Hintergrund ist es Ziel des folgenden Abschnitts, zunächst einen Überblick über bestehende Begriffdefinitionen zum Controlling und bestehender Controllingkonzepte zu geben. Darauf aufbauend wird das Controllingverständnis beschrieben, das die Grundlage der vorliegenden Arbeit darstellt.

Fälschlicherweise wird Controlling oft mit dem Begriff Kontrolle, im Sinne der Durchführung eines Vergleichs, übersetzt. Diese Übersetzung grenzt den Aufgabenbereich des Controllings unzureichend ein. Vielmehr geben die Begriffe Planen, Steuern und Regeln den Inhalt des Controllings als Managementaufgabe wieder. Vor diesem Hintergrund dient das Controlling der zielorientierten Steuerung eines Unternehmens und steht für die Sicherstellung einer angemessenen Rationalität der Unternehmensführung [FÄSS91, S. 108; HUCH04, S. 214; PREI95, S. 47; WEBE04, S. 55 ff.].

Ausgehend von dieser allgemeinen Definition wurden in der Vergangenheit unterschiedliche Controllingkonzepte aufgebaut. Ein Controllingkonzept beinhaltet dabei die Gesamtheit von Aussagen im Hinblick auf Ziele, Aufgaben, Instrumente und die Organisation des Controllings [HAHN97, S. 16]. Zur Systematisierung der unterschiedlichen Controllingkonzepte wird im Weiteren der Ordnungsrahmen nach ZENZ genutzt (siehe Bild 2-11) [ZENZ98, S. 34 ff.]. Demnach lassen sich Controllingkonzeptionen anhand der Merkmale Unternehmenszielbezug, Funktionsbreite und Funktionstiefe strukturieren. Unternehmensziele bilden die höchste beeinflussbare Orientierungsebene für das Handeln der Betriebswirtschaften. Eine Analyse von Controllingkonzeptionen zeigt, dass zum einen eine Begrenzung auf Erfolgs- und Finanzziele vorgenommen wird. Zum anderen werden sämtliche Unternehmensziele als Bezugsgröße für das Controlling festgelegt. Das Merkmal der Funktionsbreite orientiert sich an den führungsbezogenen Zielen des Controllings. Dabei ist festzulegen, welche Teilfunktionen der Führung im Rahmen des Controllingkonzeptes abgesichert werden. Die Teilfunktionen beinhalten die Planung, die Kontrolle, die Organisation, die Informationsversorgung und die Personalführung [KÜPP97, S. 15; WEBE04, S. 28]. Die Sicherung der Gesamtführung kann ebenso im Fokus stehen. Auf der letzten Stufe wird dargestellt, inwieweit eine Einflussnahme des Controlling in den einzelnen Bereichen erfolgt. Dies wird durch das Merkmal der Funktionstiefe beschrieben. Eine Aufgabe stellt die Systembildung dar, die sich aus dem Systementwurf, der Systembewertung, der Systemauswahl und der Systemintegration zusammensetzt. Weitere Aufgaben sind der Systembetrieb, die Systemkoordination und die Systemüberwachung. Die Art und Weise, in der die einzelnen Aufgaben unterstützt bzw. übernommen werden, kann in die Informationsunterstützung, die Beratung, die Beteiligung und die komplette Übernahme der Führungsaufgabe unterschieden

Grundlagen und Kennzeichnung der derzeitigen Situation

werden. Zur Vereinfachung wird von ZENZ lediglich eine Unterscheidung in partieller und vollständiger Übernahme vorgenommen. Durch die Zuordnung der Funktionstiefe kann abschließend eine eindeutige Zuordnung eines Controllingkonzeptes erfolgen [ZENZ98, S. 34 ff.].

Unternehemenszielbezug						
Erfolgsziele		Finanzziele			Weitere Unternehmensziele	

Funktionsbreite						
Sicherung der Planung	Sicherung der Kontrolle	Sicherung der Organisation	Sicherung der Informationsversorgung		Sicherung der Personalführung	Sicherung der Gesamtführung

Funktionstiefe							
Systementwurf	Systembewertung	Systemauswahl (Entscheidung)	Systemintegration	Systembetrieb		Systemkoordination	Systemüberwachung
				partiell	vollständig		

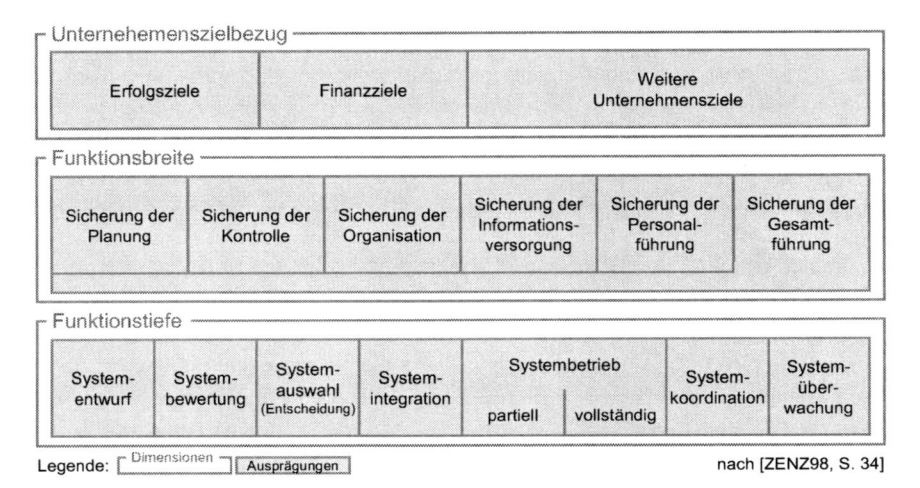

Legende: [Dimensionen] [Ausprägungen] nach [ZENZ98, S. 34]

Bild 2-11: Ordnungsrahmen zur Beschreibung von Controllingkonzeptionen

Aufbauend auf dem beschriebenen Ordnungsrahmen kann durch die Kombination der Merkmalsausprägungen eine Beschreibung von typischen Controllingkonzeptionen erfolgen. Dabei werden zwei Gruppen von Controllingkonzepten unterschieden: Controlling als Führungssubstitution (Typ I bis III) und Controlling als Einwirkung auf Führungsgestalt und -ablauf (Typ IV bis VI) [WEBE04, S. 22 ff.; ZENZ98, S. 38 f.]:

- Informationsorientiertes Controlling (Typ I)
  Controllingkonzepte dieses Typs fokussieren auf das betriebliche Informationssystem und werden diesem gleichgesetzt. Dies beinhaltet die zielbezogene Unterstützung von Führungsaufgaben, die der systemgestützten Informationsbeschaffung und Informationsverarbeitung zur Planerstellung, Koordination und Kontrolle dient [REIC01, S. 13; SERF92, S. 17]. Ausgehend vom Rechnungswesen werden dabei meist zusätzliche Informationssysteme aufgebaut [ZENZ98, S. 38].

- Regelungsorientiertes Controlling (Typ II)
  Der Regelungsmechanismus eines Unternehmens manifestiert sich in den Bereichen Planung und Kontrolle. Vor diesem Hintergrund ist der Betrieb des Planungs- und Kontrollsystems das zentrale Elemente dieses Controllingtyps, der

teilweise durch den Betrieb des Informationssystems ergänzt wird [COEN87, S. 11; ZENZ98, S. 38].

- Controlling als Synonym für die Führung (Typ III)
  Dieser Typ sieht im Controlling das Prinzip der Unternehmensführung und kommt somit den Führungsphilosophien sehr nahe. Es handelt sich dabei um den umfassendsten Controllingansatz, der Controlling mit der Führung eines Unternehmens gleichsetzt [BRAM78, S. 31 f.; ZENZ98, S. 39].

- Controlling als begrenzt führungsgestaltender Koordinationsansatz (Typ IV)
  Wie die Überschrift schon andeutet, ist die Koordination das zentrale Element dieses Controllingansatzes. Dieser Typ wird vornehmlich von HORVÁTH vertreten. *„Controlling ist – funktional gesehen – dasjenige Subsystem der Führung, das Planung und Kontrolle sowie Informationsversorgung [...] koordiniert und so die Adaption und Koordination des Gesamtsystems unterstützt."* [HORV03, S. 151]. Aufbauend auf diese Definition ist die Funktionstiefe auf die Felder Systementwurf bis Systemintegration sowie Systemkoordination begrenzt. Des Weiteren werden die Sicherung der Planung, der Kontrolle und der Informationsversorgung innerhalb der Funktionsbreite berücksichtigt [ZENZ98, S. 39].

- Controlling als umfassender Koordinationsansatz (Typ V)
  Umfassend bezeichnet in diesem Zusammenhang die Betrachtung aller Führungsteilsysteme. Kern ist somit die Koordination des Führungsgesamtsystems zur Sicherstellung einer zielgerichteten Lenkung. Dabei bezieht sich der Controllingansatz insbesondere auf die Gestaltung und Überwachung des Planungs-, Kontroll- und Informationssystems [KÜPP90, S. 283]. Im Hinblick auf die Funktionstiefe liegt keine umfassende Aufgabenintegration vor. Es wird lediglich die Systemintegration und die -koordination berücksichtigt [ZENZ98, S. 39].

- Controlling als Metaführungsansatz (Typ VI)
  Das Controlling des Typs VI umfasst sämtliche Ausprägungen innerhalb des Ordnungsrahmens der Merkmale Funktionsbreite und Funktionstiefe. Lediglich der Betrieb des Führungssystems bleibt unberücksichtigt. Das Controlling übernimmt somit die Verantwortung für die Effektivität und Effizienz der Führung [ZENZ98, S. 39].

Im Rahmen der vorliegenden Arbeit wird das Controlling als begrenzt führungsgestaltender Koordinationsansatz nach HORVÁTH als Grundlage für das systembildende Technologie-Controllingkonzept herangezogen. Um das Aufgabenfeld des zu entwickelnden Konzeptes auf die wesentlichen Inhalte zu beschränken, wird im Weiteren das Controllingverständnis nach HORVÁTH detaillierter betrachtet.

Grundlagen und Kennzeichnung der derzeitigen Situation

Ausgangspunkt der Betrachtung stellt dabei eine Einordnung des Controllings in das Führungssystem eines Unternehmens dar. Ein Unternehmen kann nach HORVÁTH in zwei Subsysteme untergliedert werden (siehe Bild 2-12) [HORV03, S. 110]. Das Führungssystem bildet gemeinsam mit dem Ausführungssystem das Gesamtsystem eines Unternehmens. Das Ausführungssystem umfasst die Leistungserstellung durch Personal- und Gütereinsatz. In diesem Zusammenhang steuert das Führungssystem die notwendigen Prozesse. Die Steuerung erfolgt über Planvorgaben und über die Erfassung und Verarbeitung von Informationen [ULRI70, S. 120 ff.; S. 257 ff.].

nach [HORV02, S. 151]

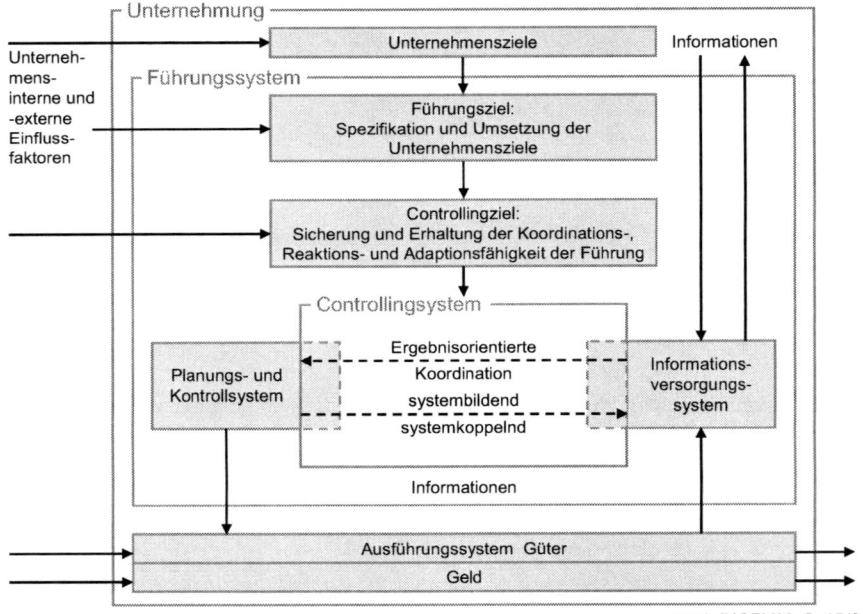

Bild 2-12: Controllingsystem nach Horváth

Das Controlling stellt ein Teilsystem der Führung dar und beinhaltet die Koordination des Planungs- und Kontrollsystems sowie des Informationsversorgungssystems. Dabei wird in systembildende und systemkoppelnde Koordination unterschieden. Systembildend wirkt das Controlling bei der Bildung aufeinander abgestimmter formaler Systeme und Instrumente, d.h. bei der Schaffung einer Gebilde- und Prozessstruktur, die zur Abstimmung von Aufgaben beiträgt [HORV03, S. 125 f.]. Die Abstimmungen innerhalb einer bestehenden Struktur werden als systemkoppelnde Koordination bezeichnet [HORV03, S. 126]. Der Schwerpunkt der vorliegenden Arbeit berücksichtigt die systemkoppelnde Koordination des Planungs- und Kontrollsystems sowie des Informationsversorgungssystems. Die systembildende Koordination findet sich lediglich im Aufbau des Technologie-Controllingkonzeptes wieder.

Zur weiteren Einordnung der vorliegenden Arbeit wird im Folgenden die Unterscheidung in operatives und strategisches Controlling betrachtet [HORV03, S. 150]. Operatives Controlling richtet sich im Wesentlichen auf Zahlen und Ergebnisse der Gegenwart und der Vergangenheit. Der Zukunftsaspekt wird durch die Einbeziehung kurz- und mittelfristiger Zielvorgaben berücksichtigt. Hier ist auch die Schnittstelle zum strategischen Controlling angesiedelt, die sich in der Planungsgrundlage für das operative Controlling widerspiegelt. Durch die Interpretation von Ist-Werten werden langfristige Ergebnisse der zukünftigen Unternehmensentwicklung prognostiziert [PREI95, S. 44; HUCH97, S. 244 ff.]. Im Rahmen der vorliegenden Arbeit wird überwiegend auf das operative Controlling fokussiert.

2.2 Analyse und kritische Würdigung bestehender Ansätze

Das Controlling kann in unterschiedlichen Bereichen mit unterschiedlichen Aufgabengebieten angesiedelt sein. Vor diesem Hintergrund wurde in der Vergangenheit eine Vielzahl an Controllingkonzepten, wie z.B. das Produktionscontrolling, das Finanzcontrolling oder das FuE- und das Innovationscontrolling, entwickelt. Die beiden zuletzt genannten Themengebiete überschneiden sich in Teilbereichen mit dem Technologiecontrolling (vgl. Kapitel 2.1.3.2 zur Abgrenzung der Managementbereiche), erfassen allerdings nicht dessen gesamten Anwendungsraum.

Das Innovationscontrolling, als Bestandteil des Innovationsmanagements, richtet sich auf die Effektivität und Effizienz des Innovationsprozesses von der Ableitung des Innovationsbedarfs über die Ideenfindung, -bewertung und -auswahl sowie die Produktentwicklung (FuE) bis zur Markteinführung [SPEC02, S. 100 f.; STIP99, S. 99]. Eine Adaption von Bestandteilen des Innovationscontrollings ist für die vorliegende Aufgabenstellung nur im Hinblick auf Produkttechnologien möglich. Darüber hinaus liegen keine Anknüpfungspunkte vor.

Wie schon in der Einleitung beschrieben, wird der Technologiebezug in den bestehenden Controllingansätzen kaum berücksichtigt. In der Literatur existieren nur wenige Ansätze zur Integration von Technologieaspekten in das Controlling. Das FuE-Controlling hat zwar den Technologiebezug, es fehlt allerdings der Unternehmensbezug [JUNG02b, S. 339]. Im Zentrum des FuE-Controllings steht schwerpunktmäßig die Betrachtung von Entwicklungsprojekten (Projektauswahl und Projektablauf) und des Entwicklungsbereichs (Budget und Kapazitäten) selbst [CLAU93, S. 74;

BROC94, S. 326; STIP99, S. 39]. Somit ist das FuE-Controlling primär durch Projektcontrolling geprägt. Außerhalb des FuE-Bereichs haben Technologieaktivitäten jedoch meist keinen Projektcharakter mehr [JUNG02a, S. 65]. Des Weiteren bleibt das FuE-Controlling, als Bestandteil des FuE-Managements, auf die Entstehung von Produkten und Technologien begrenzt. Die Auswahl, Entwicklung, Einführung, Substitution und der Einsatz von Technologien bedarf jedoch einer integrierten Betrachtung aller Unternehmensbereiche und darf nicht auf den FuE-Bereich begrenzt sein [TSCH03, S. 245]. Die Ansätze des FuE-Controllings können zwar für einzelne Aspekte des Technologie-Controllings genutzt werden, darüber hinaus sind die bestehenden Ansätze aus den zuvor beschriebenen Gründen jedoch nicht in der Lage, die vorliegende Aufgabenstellung ganzheitlich abzudecken. Vor diesem Hintergrund wird im Folgenden lediglich auf bestehende Ansätze zum Technologie-Controlling fokussiert.

JUNG [JUNG02a] orientiert sich am Ansatz des strategischen Controllings von Simons [SIMO95] und leitet daraus drei Aufgabenbereiche für das Technologie-Controlling ab (siehe Bild 2-13):

- Diagnostic Technology Control System
  Ausgehend von der Technologiestrategie werden Entscheidungen im Hinblick auf deren Realisierung überprüft. Auch wird der Einfluss obsolet gewordener Planungsprämissen auf die Technologiestrategie untersucht. Zu diesem Zweck werden klassische Methoden (z.B. Realoptionenansatz, Technologieportfolios) aufgezeigt.

- Interactive Technology Control System
  Der zweite Aufgabenbereich beschreibt Vorgehensweisen zur Integration neuer externer und interner Entwicklungen in die bestehende Technologiestrategie.

- Technology Beliefs and Boundary System
  Die Technologiestrategie darf als Teil der Geschäfts- und Produkt-/Marktstrategie keine Redundanzen und Widersprüche zu diesen aufweisen. Um dies sicherzustellen, schlägt JUNG eine Technologie Balanced Scorecard vor, die allerdings nicht weiter detailliert wird.

Die Arbeit von JUNG beschäftigt sich ausschließlich mit strategischen Fragestellungen. Fokus ist der Controllingrahmen, der sich in die beschriebenen Aufgabenbereiche untergliedert und methodisch unterstützt wird. Es erfolgt keine inhaltliche Ausgestaltung auf operativer Ebene.

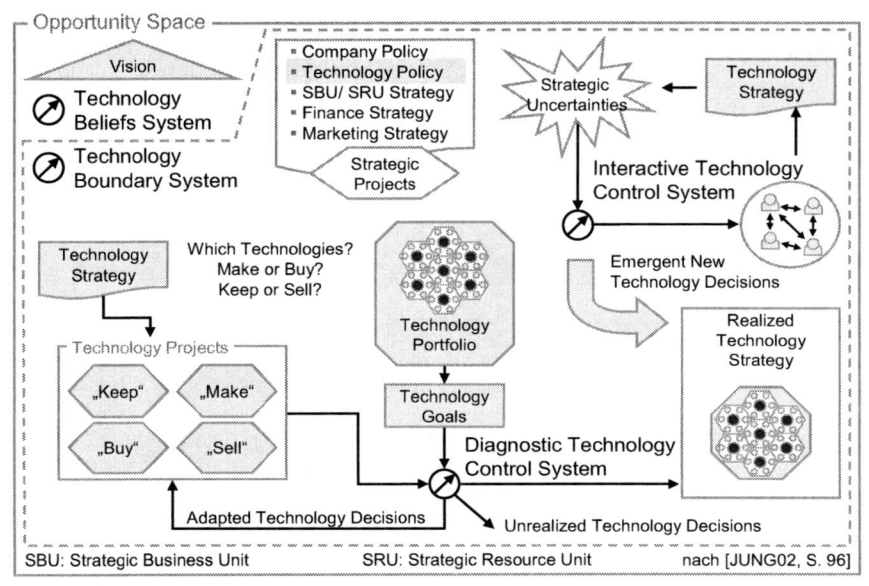

Grundlagen und Kennzeichnung der derzeitigen Situation

Bild 2-13: Technology Management Control System nach JUNG

HESSE fokussiert in ihrer Arbeit auf technologische Innovation und die damit verbundenen Entscheidungsprobleme. Dabei wird das gesamte Unternehmen betrachtet, da Technologie-Controlling nicht isoliert im strategischen Planungsbereich technologischer Innovationen oder lediglich im Forschungs- und Entwicklungsbereich anzusiedeln ist. Das Controllingkonzept orientiert sich dabei am Führungs- bzw. Entscheidungsprozess eines Unternehmens und nutzt diesen zur Systematisierung der notwendigen strategischen Aufgaben. Innerhalb dieser Aufgaben werden im Wesentlichen die Aspekte Informationsversorgung und Bereitstellung von Controllinginstrumenten (z.B. Portfolios) beschrieben. Bezüglich der wenigen beschriebenen operativen Aufgaben des Technologiemanagements werden keine messbaren Parameter zur Erfolgskontrolle abgeleitet. Das Schnittstellenproblem zwischen strategischer und operativer Planungsebene wird zwar benannt, es erfolgt allerdings keine konkrete Handlungsempfehlung zur Überwindung dieser Problematik [HESS90, S. 363 ff.].

In der Arbeit von WALKER [WALK03, S. 68 ff.] wird das Thema Technologiecontrolling als ein Bestandteil des Geschäftsprozesses zum Technologiemanagement beschrieben. Ausgehend von dem Konzept der Balanced Scorecard werden die Perspektiven Finanzen, Kunden, Prozess und Lernen von den Dimensionen Leitbildformulierung, Planung, Entscheidung und Realisierung vertikal überlagert (siehe Bild

Seite 29

2-14). Diese Technologie-Balanced-Scorecard ist dabei organisatorisch eigenständig neben den Balanced Scorecards anderer Funktionsbereiche angeordnet. Eine inhaltliche Ausgestaltung des Controllingkonzepts erfolgt nicht. Es werden keine operativen Aufgaben des Technologiemanagements beschrieben.

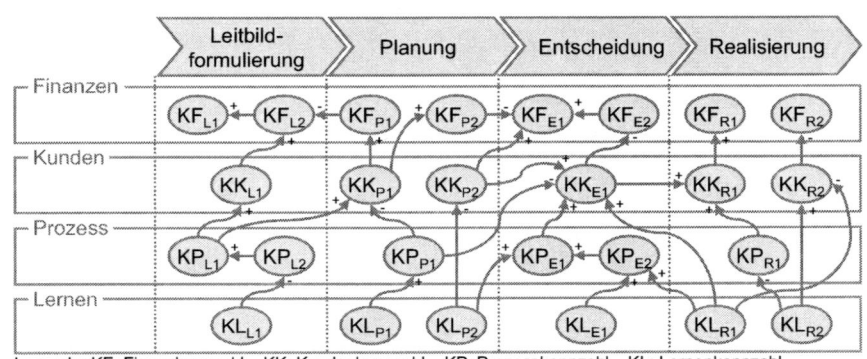

Bild 2-14: Aufbau einer Technologie-Balanced-Scorecard nach WALKER

WOLFRUM [WOLF94, S. 446 ff.] sieht den Schwerpunkt des Technologie-Controllings in der strategischen Kontrolle. Die grundsätzliche Zielsetzung besteht in der rechtzeitigen Erkennung von Fehlentwicklungen und der darauf aufbauenden Einleitung von Plananpassungen. Dies beinhaltet sowohl eine ex-post-Überprüfung des Realisierungsgrades angestrebter technologiestrategischer Ziele als auch eine begleitende Prämissen- und Durchführungskontrolle. Diese Einschätzung wird von BULLINGER [BULL96, S. 4-37 f.] geteilt. Eine detaillierte Ausgestaltung des Technologie-Controllings wird in keiner der beiden Arbeiten beschrieben.

Bei TSCHIRKY [TSCH98, S. 295 f.] ist das Technologie-Controlling in die Erarbeitung einer Geschäftsstrategie eingebettet. Dabei ist das Controlling Bestandteil der Umsetzung der Technologiestrategie. Obwohl die Bedeutung des Technologie-Controllings anerkannt wird, wird keine Ausgestaltung des Technologie-Controllings beschrieben.

QIAN [QIAN02, S. 126 ff.] stellt ein kompetenzorientiertes strategisches Technologie-Controlling vor. Ausgangspunkt ist die Annahme, dass die Erfolgspotenziale eines Unternehmens überwiegend in dessen spezifischen Ressourcen und Fähigkeiten bzw. Kernkompetenzen begründet sind. Das Technologie-Controlling hat dabei die Aufgabe, Instrumente für das strategische Technologiemanagement bereitzustellen und zu pflegen. Darüber hinaus ist die Umwelt permanent zu überwachen, Informationen über Chancen und Risiken sind frühzeitig bereitzustellen. Abschließend hat das Technologie-Controlling die strategischen Technologiemanagementprozesse über alle Unternehmensbereiche hinweg zu koordinieren. QIAN unterteilt das Technologie-Controlling in vier untergeordnete Bereiche:

- Orientierungscontrolling
  Hauptaufgabe ist die Schaffung eines Ausgleichs zwischen langfristiger Kompetenzorientierung und kurzfristiger Marktorientierung.

- Strategisches Spannungscontrolling
  Dieses Controlling basiert auf dem „Stretch"-Konzept, in dem Manager eines Unternehmens ohne Rücksicht auf Limitationen bei vorhandenen Ressourcen ambitionierte Intentionen formulieren. Aufgabe des Controllings ist die Kontrolle der strategischen Spannungsrisiken und die Informationsversorgung zur Schließung der strategischen Lücken.

- Wissens- und Lerncontrolling
  Im kompetenzbasierten Wettbewerb stellen die Wissensbasis, die Lernfähigkeit und die Lerngeschwindigkeit einen nachhaltigen Erfolgsfaktor dar. Das Wissens- und Lerncontrolling hat dabei die Aufgabe, das organisationale Lernen zu unterstützen.

- Schnittstellencontrolling
  Ziel ist die Überwindung von Schnittstellenproblemen durch integrierte Koordination.

QIAN geht in ihrer Arbeit nur in Ausnahmefällen auf operative Betrachtungsebenen. Demnach erfolgt auch keine weitere Detaillierung des Technologie-Controllings.

FRAUENFELDER beschreibt das Technologie-Controlling als ein Element in seinem strategischen Management von Technologie und Innovation (SMTI-Methodik) [FRAU00, S. 47]. Dabei beinhaltet das Technologie-Controlling zum einen das Monitoring der externen und relevanten Technologieentwicklungen und zum anderen das strategische FuE-Controlling der internen Projekte für Technologieentwicklungen sowie für technologische Produkt- und Prozessinnovationen [FRAU00, S. 96]. Er stellt heraus, dass erfolgreiche technologieorientierte Unternehmen der Prüfung der Nachhaltigkeit und der Geschwindigkeit der Umsetzung ihrer Technologiestrategie eine hohe Bedeutung beimessen [FRAU00, S. 99]. FRAUENFELDER bleibt bei seinen Ausführungen stets auf der strategischen Ebene und beschränkt sich auf die Beschreibung von Erfolgsfaktoren eines Technologie-Controllings. Fragen der Operationalisierung werden nicht beantwortet.

Grundlagen und Kennzeichnung der derzeitigen Situation

In Bild 2-15 sind die angrenzenden Arbeiten im Vergleich zur vorliegenden Arbeit. Die beschriebenen Ansätze können wie folgt zusammengefasst werden: Sämtliche Ansätze fokussieren auf das strategische Controlling. Operative Aktivitäten bleiben dabei meist unberücksichtigt. Des weiteren stellen die Autoren die Notwendigkeit eines Technologie-Controllings für Unternehmen heraus, beschreiben aber selbst nur Fragmente oder den Rahmen eines Technologie-Controlling-Konzeptes. Darüber hinaus existiert kein ausgestalteter kennzahlbasierter Ansatz zum Technologie-Controlling. Diese Lücken sollen im Rahmen der vorliegenden Arbeit geschlossen werden.

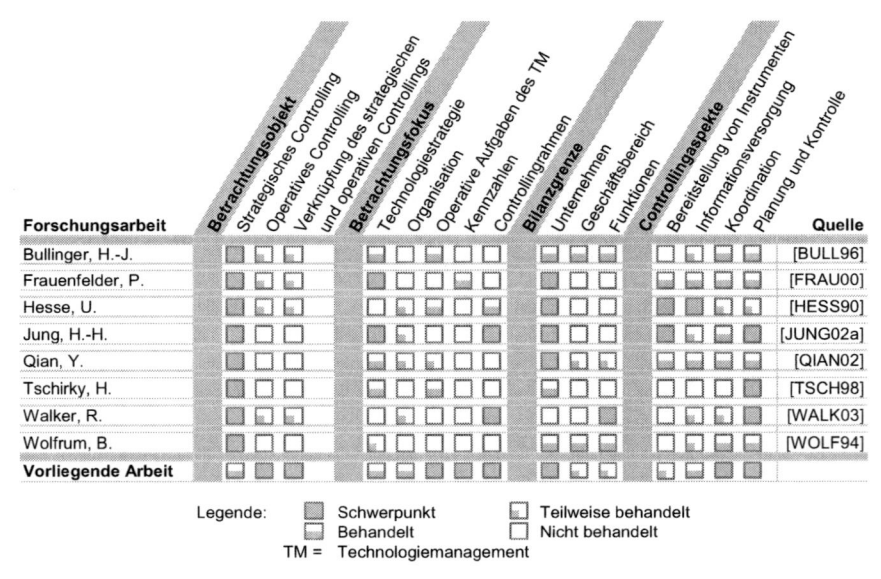

Forschungsarbeit	Betrachtungsobjekt: Strategisches Controlling	Operatives Controlling	Verknüpfung des strategischen und operativen Controllings	Betrachtungsfokus: Technologiestrategie	Organisation	Operative Aufgaben des TM	Kennzahlen	Controllingrahmen / Bilanzgrenze: Unternehmen	Geschäftsbereich	Funktionen	Controllingaspekte: Bereitstellung von Instrumenten	Informationsversorgung	Koordination	Planung und Kontrolle	Quelle
Bullinger, H.-J.	■	▨	□	■	□	□	□	■	□	□	■	□	□	□	[BULL96]
Frauenfelder, P.	■	▨	▨	■	□	□	□	■	□	□	■	□	□	□	[FRAU00]
Hesse, U.	■	▨	□	■	□	□	□	■	□	□	■	▨	□	□	[HESS90]
Jung, H.-H.	□	□	□	■	▨	▨	□	■	□	□	■	□	□	■	[JUNG02a]
Qian, Y.	□	□	□	■	▨	▨	□	■	□	□	■	□	□	□	[QIAN02]
Tschirky, H.	□	□	□	■	□	□	□	■	□	□	□	□	□	■	[TSCH98]
Walker, R.	■	▨	▨	□	▨	□	□	□	□	□	■	▨	□	■	[WALK03]
Wolfrum, B.	■	□	□	■	□	□	□	■	▨	□	■	□	□	□	[WOLF94]
Vorliegende Arbeit	□	■	■	□	■	■	■	■	■	■	□	■	■	■	

Legende: ■ Schwerpunkt, ▨ Behandelt, ▨ Teilweise behandelt, □ Nicht behandelt
TM = Technologiemanagement

Bild 2-15: Angrenzende Arbeiten

2.3 Zwischenfazit

Zur Ableitung des Forschungsbedarfs wurde zunächst eine Eingrenzung des Untersuchungsbereichs vorgenommen (siehe Bild 2-16). Die relevanten Begriffe werden definiert. Dabei wurde festgelegt, dass sich das im Rahmen der vorliegenden Arbeit erstellte Technologie-Controllingkonzept an mittlere und große produzierende Unternehmen richtet. Innerhalb des Unternehmens wird die mittlere Managementebene angesprochen. Im Mittelpunkt der Betrachtung stehen Technologien. Dabei wurde das Begriffsverständnis nach BINDER/KANTOWSKI, das Technologie als übergeordneten Begriff zur Technik definiert, übernommen. Technologie beinhaltet demnach Wissen, Kenntnisse und Fertigkeiten zur Lösung technischer Probleme sowie

Anlagen und Verfahren zur praktischen Umsetzung naturwissenschaftlicher Erkenntnisse. Im Weiteren wurde festgelegt, für welche Handlungen das Konzept bereitgestellt wird. Dies erfolgte aufbauend auf der Einordnung in das Management, das Technologiemanagement und das Controlling. Die betrachteten Handlungen werden als Steuern (engl.: to control) der Aufgaben des Technologiemanagements zusammengefasst. Dies beinhaltet nach der Definition nach HORVÁTH die Koordination des Planungs- und Kontrollsystems sowie des Informationsversorgungssystems. Die betrachteten Handlungen fokussieren demnach auf die Koordination der Aufgaben des Technologiemanagements unter Berücksichtigung der Schnittstellen Planen und Kontrollieren sowie Bereitstellen von Informationen.

Subjekt
- Große und mittlere produzierende Unternehmen
- Mittlere Managementebene in unterschiedlichen Funktionseinheiten

Objekt
- Technologie
  - Wissen, Kenntnisse und Fertigkeiten zur Lösung technischer Probleme
  - Anlagen und Verfahren zur praktischen Umsetzung naturwissenschaftlicher Erkenntnisse

Untersuchungsbereich

Prädikat
- Steuern (engl.: to control) der Aufgaben des Technologiemanagements
  - Koordinieren
  - Planen und Kontrollieren
  - Bereitstellen von Informationen

Bild 2-16: Eingrenzung des Untersuchungsbereichs

Aufbauend auf dieser Eingrenzung wurden eine Analyse und eine kritische Würdigung angrenzender Forschungsarbeiten durchgeführt. Dabei konnte festgestellt werden, dass in der ingenieur- und wirtschaftswissenschaftlichen Literatur nur eine begrenzte Anzahl an Veröffentlichungen vorliegen, die Erkenntnisse und Lösungen im definierten Untersuchungsbereich liefern. Durch die Diskussion der relevanten Arbeiten wurde deutlich, dass in den Beiträgen nur einzelne Felder des Themenbereichs betrachtet wurden. Somit fehlt eine durchgängige Konzeption zum Technologie-Controlling, die es ermöglicht, den permanenten Anpassungsproblemen technologieorientierter Unternehmen zu begegnen und die Lücke zwischen strategischen Zielsetzungen und deren Umsetzung zu schließen. Die Analyse und Diskussion hat darüber hinaus auch gezeigt, dass einzelne Bestandteile der beschriebenen Ansätze für ein systembildendes Technologie-Controllingkonzept adaptiert werden können.

Aus den dargelegten Defiziten und der in Kapitel 1 aufgezeigten Bedeutung von Technologien resultiert der Handlungsbedarf für ein systembildendes Technologie-Controllingkonzept. Mit dem im Rahmen dieser Arbeit zu entwickelnden Konzept soll die Steuerung der Aufgaben des Technologiemanagements zur Umsetzung technologieorientierter Zielvorgaben in den operativen Unternehmenseinheiten methodisch unterstützt werden. Mit der Analyse des Entdeckungs- und Begründungszusammenhangs in Kapitel 2 und den in Kapitel 1 aus dem Anwendungszusammenhang ermittelten Erkenntnissen kann hierauf aufbauend, entsprechend der einleitend beschriebenen Forschungsstrategie, in Kapitel 3 mit der Grobkonzeption des systembildenden Technologie-Controllingkonzepts begonnen werden.

3 Grobkonzept

Vor dem Hintergrund grundlegender Zusammenhänge und Begriffe wurde in Kapitel 2 eine detaillierte Analyse und Abgrenzung des Untersuchungsbereichs vorgenommen und der Forschungsbedarf für ein systembildendes Technologie-Controllingkonzept abgeleitet. In Anlehnung an den Forschungsprozess nach H. Ulrich erfolgt nun der Aufbau eines Grobkonzeptes. Bild 3-1 gibt die Elemente dieses Entwicklungsprozesses wieder.

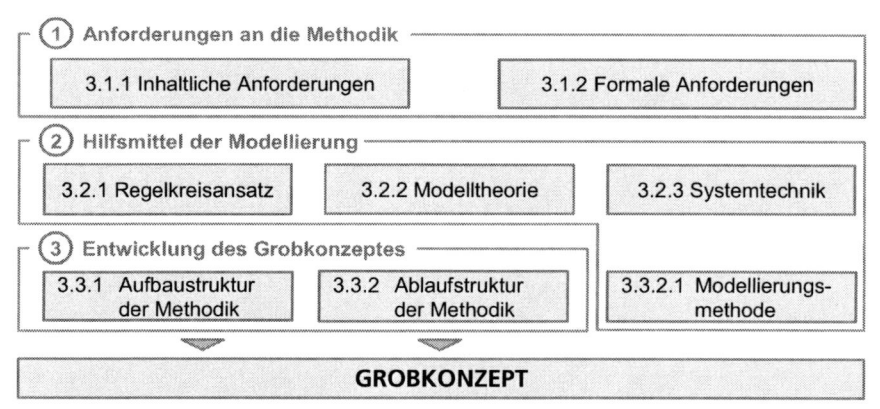

```
┌─ ① Anforderungen an die Methodik ─────────────────────────────┐
│   ┌──────────────────────────────┐  ┌────────────────────────┐ │
│   │ 3.1.1 Inhaltliche Anforderungen │  │ 3.1.2 Formale Anforderungen │ │
│   └──────────────────────────────┘  └────────────────────────┘ │
┌─ ② Hilfsmittel der Modellierung ──────────────────────────────┐
│   ┌────────────────┐ ┌────────────────┐ ┌────────────────┐    │
│   │3.2.1 Regelkreisansatz│ │3.2.2 Modelltheorie│ │3.2.3 Systemtechnik│ │
│   └────────────────┘ └────────────────┘ └────────────────┘    │
┌─ ③ Entwicklung des Grobkonzeptes ─────────────────────────────┐
│   ┌────────────────┐ ┌────────────────┐ ┌────────────────────┐│
│   │3.3.1 Aufbaustruktur│ │3.3.2 Ablaufstruktur│ │3.3.2.1 Modellierungs-││
│   │    der Methodik    │ │   der Methodik     │ │      methode        ││
│   └────────────────┘ └────────────────┘ └────────────────────┘│
              ▼                  ▼
┌───────────────────────────────────────────────────────────────┐
│                        GROBKONZEPT                            │
└───────────────────────────────────────────────────────────────┘
```

Bild 3-1: Vorgehensweise zur Konzeption der Methodik

Zunächst werden die Voraussetzungen für die Methodikanwendung abgeleitet. Dies beinhaltet den Aufbau eines Anforderungsprofils, das sowohl inhaltliche als auch formale Anforderungen wiedergibt. Aufgrund der Komplexität der Problemstellung werden im Weiteren Hilfsmittel zur Modellentwicklung beschrieben. Erkenntnisse des Regelkreisansatzes, der Modelltheorie und der Systemtechnik werden dabei zur Modellentwicklung herangezogen. Anschließend wird die Aufbau- und die Ablaufstruktur der Methodik abgeleitet und somit das Grobkonzept aufgebaut. Dies wird durch die Auswahl einer geeigneten Modellierungsmethode unterstützt.

3.1 Anforderungen an die Methodik

Das Grobkonzept für ein systembildendes Technologie-Controllingkonzept erfolgt auf der Grundlage unterschiedlicher Anforderungen; diese werden zum einen von inhaltlichen Notwendigkeiten, die aus den Besonderheiten des Anwendungszusammenhangs resultieren, und zum anderen von allgemeinen Randbedingungen beeinflusst. Die Grobkonzeption fußt dabei vornehmlich auf den inhaltlichen Anforderung, während die formalen Anforderungen ein systematisches und strukturiertes Vorgehen sicherstellen.

3.1.1 Formale Anforderungen

Die formalen Anforderungen sind unter dem Blickwinkel der Allgemeingültigkeit aufzustellen. Sie bilden den Rahmen zur Sicherstellung einer hohen Modellqualität vor dem Hintergrund einer optimalen Wirksamkeit des zu erstellenden Modells. Ausgehend von der Modell- und Systemtheorie lassen sich folgende Anforderungen für ein systematisches und strukturiertes Vorgehen ableiten [PATZ82, S. 309 f.; SCHI98, S.75 f.; HABE99, S. 29 ff.; ROTH94, S. 23 ff.].

Die empirische Richtigkeit beinhaltet den Realitätsbezug, d.h. das Modell soll mit den realen Beobachtungen möglichst gut übereinstimmen. Dabei sind die Aspekte Genauigkeit und Sicherheit zu beachten. Die Genauigkeit beschreibt die Bandbreite der Aussagen, die noch als richtig zugelassen werden. Mit Sicherheit wird die Wahrscheinlichkeit beschrieben, mit der gemachte Aussagen über die Realität zutreffen.

Die formalen Richtigkeit beinhaltet die Widerspruchsfreiheit des Modells. Beziehungen zwischen den einzelnen Elementen und Informationen bedürfen somit einer klaren Regelung, die durch Ordnung und Konsistenz erzielt werden kann.

Der Praxisbezug der Methodik ist durch ein hohes Maß an Anwendbarkeit sicherzustellen. Dies bezieht sich auf die Durchführung der Methode und die Interpretation der Ergebnisse. Klare und einfache Formulierungen sowie eine benutzeradäquate Aufbereitung unterstützen dies. Die Anwendbarkeit steht im Zusammenhang mit der Forderung nach einer hohen Nutzen/Aufwand-Relation. Der Aufwand für die Modellerstellung und -nutzung muss durch Ergebnisse hoher Qualität gerechtfertigt werden. Die Ergebnisqualität stellt demnach eine weitere Anforderung dar und weist auf einen hohen Informationsgehalt der Ergebnisse hin. Das Modell muss auf spezifisch gestellte Fragen inhaltlich und formal brauchbare Ergebnisse liefern.

Der Praxisbezug fordert darüber hinaus die Anpassungsfähigkeit der Methodik. Veränderungen im dynamischen Umfeld soll durch diese Forderung Rechnung getragen werden. Es muss somit die Möglichkeit bestehen, dass einzelne Bausteine situativ angepasst bzw. ausgetauscht werden können.

Grobkonzept

3.1.2 Inhaltliche Anforderungen

Ausgehend von den Problemstellungen der Praxis wurde im vorangegangenen Kapitel die Zielsetzung der vorliegenden Arbeit erarbeitet. Ziel ist die Entwicklung eines systembildenden Controllingkonzeptes zur Umsetzung technologieorientierter Zielvorgaben in den operativen Unternehmenseinheiten. Wie in Kapitel 2 beschrieben, unterliegt der Ansatz dem Controllingverständnis nach HORVÁTH, so dass die Aufgabenbereiche Informationsversorgung, Koordination sowie Planung und Kontrolle inhaltlich ausgestaltet werden müssen [HORV03, S. 79]. Die inhaltlichen Anforderungen werden im Weiteren aus der formulierten Zielsetzung abgeleitet und gemäß der Aufgabenbereiche des Controllings strukturiert.

Problemstellung in der Praxis
- Technologieorientierte Zielvorgaben werden nur unzureichend umgesetzt.
- Operative Umsetzung der Technologiestrategien wird nicht methodisch unterstützt.
- Bestehende Controllingansätze berücksichtigen überwiegend keine technologischen Aspekte.
- Bereichsübergreifende Koordination und Messbarkeit der Technologiemanagement-Aktivitäten wird nur unzureichend unterstützt.
- Es existiert kein vollständiger Ansatz zum kennzahlbasierten Technologiecontrolling.

Zielsetzung
- Aufbau eines kennzahlbasierten Controllingkonzeptes zur Umsetzung technologischer Zielvorgaben

Aufgaben des Controllings
- Informationsbereitstellung
- Koordination
- Planung und Kontrolle

Inhaltliche Anforderungen an die Methodik

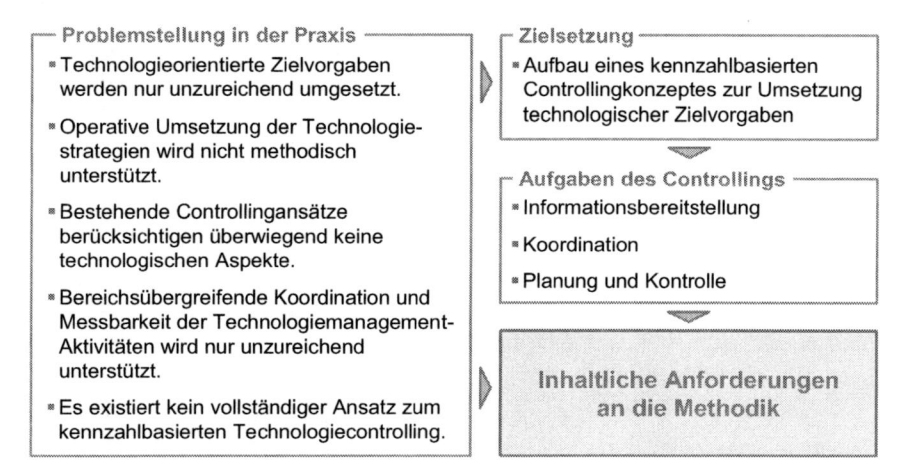

Bild 3-2: Ableitung der inhaltlichen Anforderungen

Koordination bezeichnet die Abstimmung arbeitsteilig durchgeführter Aktivitäten vor dem Hintergrund eines einheitlichen Zielsystems. Dieser Begriffsdefinition liegt eine organisationsorientierte Betrachtung zu Grunde [KOSI76, S. 76]. Die Koordination als zentrale Aufgabe des Controllings ist somit das Resultat der starken organisatorischen Differenzierung einer Unternehmung als Reaktion auf die zunehmende Umweltkomplexität und -dynamik und der Vielzahl an Interdependenzbeziehungen [HESS90, S. 41]. Dies gilt insbesondere für den Betrachtungsbereich des Technologiemanagements. Eine Vielzahl technologieorientierter Aufgaben sind in unterschiedlichen Organisationseinheiten durchzuführen und durch das Controllingkonzept aufeinander abzustimmen. Vor diesem Hintergrund muss im Rahmen des zu entwickelnden Controllingkonzepts zunächst eine Zusammenstellung aller Aktivitäten des Technologiemanagements erfolgen. Des Weiteren sind die Wechselwirkungen dieser Aktivitäten zu berücksichtigen. D.h., dass Redundanzen, Synergien und gegenläufige Aktivitäten durch das Controllingkonzept aufgezeigt werden und eine Ausrichtung auf technologieorientierte Zielvorgaben sichergestellt wird. Die Verankerung des Konzeptes in unterschiedlichen Unternehmen bedarf einer Zuordnung der Aktivitäten zu Organisationseinheiten. Daraus resultiert die Forderung nach der Abbildung unterschiedlicher Unternehmensstrukturen und damit verbundener Aufgabenverteilung im Rahmen des Controllingkonzeptes.

Das Objekt der Informationsversorgung ist die Information, die als zweckorientiertes Wissen definiert werden kann. Die Zweckorientierung bedeutet, dass sich das Wissen auf eine konkrete Aufgabenstellung in einer konkreten Entscheidungssituation bezieht [HORV03, S. 348; HESS90, S. 35]. Daraus resultiert für die Informationsversorgung des Controllingkonzeptes, dass zweckmäßige und aufgabenbezogene Informationen hoher Qualität bereitgestellt werden müssen. Diese Qualität lässt sich an den Kriterien Problemrelevanz, Wahrscheinlichkeit, Bestätigungsgrad, Überprüfbarkeit, Genauigkeit und Aktualität festmachen. Des Weiteren müssen in dem Controllingkonzept überwiegend Führungsinformationen, die auf unterschiedlichen Hierarchiestufen eines Unternehmens genutzt werden, wiedergegeben werden. Führungsinformationen bezeichnen Informationen, die zur Lösung von Führungsaufgaben benötigt werden. Dies bedarf einer Verdichtung bzw. einer Verknüpfung der Informationen. Verdichtete Informationen stellen Zusammenfassungen von Einzelinformationen dar, während verknüpfte Informationen die Bezüge verschiedener Informationsarten zueinander ausdrücken [HORV03, S. 350]. Vor dem Hintergrund eines systembildenden Controllingsystems sind die Informationen in quantitativen Größen auszudrücken.

Schließlich ist es die Aufgabe des Controllingkonzeptes, die Planung und Kontrolle zu unterstützen. Planung ist dabei der Versuch zur Bewältigung der Unsicherheit und stellt einen komplexen Informationsverarbeitungsprozess dar. Davon erfasst sind das systematische Ermitteln, Verarbeiten und Weitergeben von planungsrelevanten, d.h. auf die Zukunft bezogener Informationen vor dem Hintergrund eines festgelegten Zielsystems [HORV03, S. 168 ff.]. Dies erfordert für das zu entwickelnde Controllingkonzept die Integration der technologieorientierten Ziele. Des Weiteren müssen diese Ziele in Bezug zu den Aktivitäten des Technologiemanagements gestellt werden. In Verbindung mit einer logischen Zwangsfolge der Aktivitäten und deren Messbarkeit ermöglicht dies eine belastbare Planungsgrundlage. Über den Aspekt der Messbarkeit wird im Folgenden die Verbindung zur Kontrolle geknüpft. Die Regelungs- und Steuerungsfunktion der Planung ist nur durch eine effektive Kontrolle zu erzielen. Vor diesem Hintergrund müssen die Aktivitäten des Technologiemanage-

Grobkonzept

ments durch quantitative Größen messbar gemacht werden. Dies erfordert die Zuordnung aussagekräftiger Kennzahlen zu den Aktivitäten.

Inhaltliche Anforderungen
- Informationsbereitstellung
  - Zweckmäßige, aufgabenbezogene Informationen
  - Verdichtete, verknüpfte und quantitative Informationen
- Koordination
  - Zuordnung von Aufgaben zu Organisationseinheiten
  - Berücksichtigung der Wechselwirkungen zwischen den Aufgaben
  - Ausrichtung der Aktivitäten auf technologieorientierte Zielvorgaben
- Planung und Kontrolle
  - Aufnahme von Zielen
  - Wechselwirkungen zwischen Aktivitäten und Zielen
  - Logische Zwangsfolge der Aktivitäten
  - Messbarkeit der Aktivitäten

Formale Anforderungen
- Empirische Richtigkeit
- Formale Richtigkeit
- Anwendbarkeit
- Ergebnisqualität
- Nutzen/Aufwand-Relation
- Anpassungsfähigkeit

Anforderungen an die Methodik

Bild 3-3: Anforderungen an das Controllingkonzept

3.2 Modellsystem der Methodik

Ausgehend von den dargestellten Anforderungen wird im Weiteren die Struktur der Methodik allgemeingültig abgeleitet, da sie nicht auf Sonderfälle beschränkt sein darf. Dabei ist zu beachten, dass das zu entwickelnde Controllingkonzept vielschichtige und komplexe Aufgaben zu erfüllen hat, deren Abbildung sich an einheitlichen Regeln zu orientieren hat, um insbesondere den formalen Anforderungen an die Methodik zu entsprechen. Der Regelkreisansatz, die allgemeine Modelltheorie und die Systemtechnik stellen grundlegende Theorien und Instrumente für das allgemeine wissenschaftliche Vorgehen bereit [SCHM85, S. 17]. Sie haben sich in Wissenschaft und Praxis bewährt, um durch eine systematische Strukturierung der Sachverhalte die Komplexität gegebener Problemstellungen zu bewältigen [HABE99, S. 19 ff; FISC89, S. 213; STAC73, S. 139]. Diese Theorien werden durch Anpassungen und Interpretation für die spezifischen Anforderungen der vorliegenden Arbeit genutzt. Zum besseren Verständnis werden daher grundlegende Aspekte des Regelkreisansatzes, der Modelltheorie und der Systemtechnik erläutert.

Grobkonzept

3.2.1 Regelkreisansatz

Die inhaltlichen Anforderungen haben gezeigt, dass die Planung und Kontrolle zentrale Elemente des zu entwickelnden Technologie-Controllingkonzeptes darstellen und eine Regelungs- und Steuerungsfunktion beinhalten. Zur Systematisierung dieser Funktionen kann der Ansatz des technischen Regelkreises adaptiert werden.

Gemäß Bild 3-4 besteht ein einfacher technischer Regelkreis aus einer Regelstrecke und einem Regler. Die Aufgabe einer Regelung besteht darin, eine fortlaufend erfasste Regelgröße unabhängig von äußeren Störungen (Störgrößen) auf einen konstanten oder veränderlichen Sollwert (Führungsgröße) nachzuführen. Zu diesem Zweck wird ein Regler eingesetzt. Dieser vergleicht die Regel- und die Führungsgröße, bildet somit die Regelabweichung und erzeugt eine Stellgröße, die über die Regelstrecke Einfluss auf die Regelgröße nimmt [DIN94; CZIC96, S. I-2].

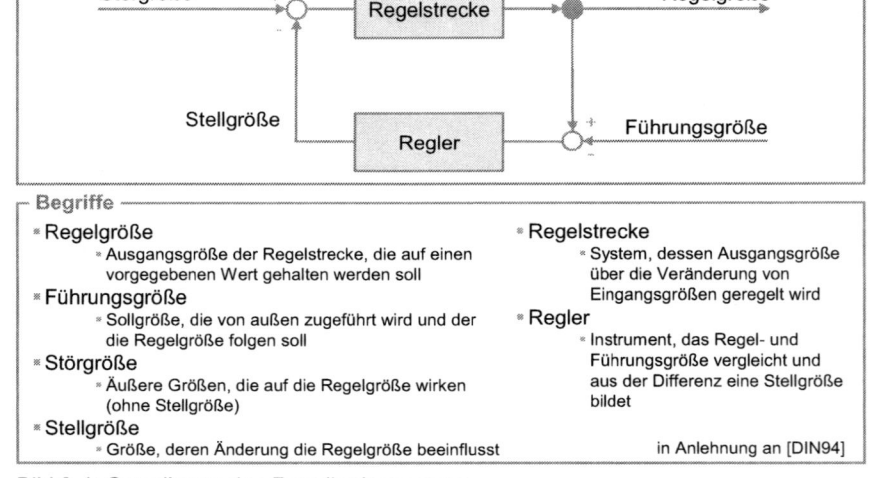

```
┌─ Wirkplan des einfachen Regelkreises ─────────────────────────┐
│                                                                │
│   Störgröße          +                         Regelgröße      │
│   ──────────────────→○──→[ Regelstrecke ]──●──────────────→    │
│                       ↑                     │                  │
│                                             │                  │
│   Stellgröße                                │   +  Führungsgröße│
│   ←─────────────[ Regler ]←─────────────────○←─────────────    │
│                                                  -             │
└────────────────────────────────────────────────────────────────┘

┌─ Begriffe ─────────────────────────────────────────────────────┐
│ ▪ Regelgröße                          ▪ Regelstrecke           │
│    ▪ Ausgangsgröße der Regelstrecke,     ▪ System, dessen      │
│      die auf einen vorgegebenen            Ausgangsgröße über  │
│      Wert gehalten werden soll             die Veränderung von │
│ ▪ Führungsgröße                            Eingangsgrößen      │
│    ▪ Sollgröße, die von außen              geregelt wird       │
│      zugeführt wird und der die       ▪ Regler                 │
│      Regelgröße folgen soll              ▪ Instrument, das     │
│ ▪ Störgröße                                Regel- und          │
│    ▪ Äußere Größen, die auf die            Führungsgröße       │
│      Regelgröße wirken                     vergleicht und aus  │
│      (ohne Stellgröße)                     der Differenz eine  │
│ ▪ Stellgröße                               Stellgröße bildet   │
│    ▪ Größe, deren Änderung die                                 │
│      Regelgröße beeinflusst           in Anlehnung an [DIN94]  │
└────────────────────────────────────────────────────────────────┘
```

Bild 3-4: Grundlagen des Regelkreisansatzes

Dieser Ansatz kann auf unterschiedlichen Ebenen auf die vorliegende Problemstellung übertragen werden. Auf Unternehmensebene beschreibt die Regelstrecke das Technologiemanagement, das eine Vielzahl unterschiedlicher Aufgaben beinhaltet. Diese Aufgaben sind so zu koordinieren, dass ein Optimum im Hinblick auf die technologie-strategischen Ziele, die durch geeignete Kennzahlen zu definieren sind, erreicht werden kann. Die bisherige Zielerreichung, als Ausgangsgröße der Regelstrecke und somit Ergebnis des Technologiemanagements, wird durch die Regelgröße wiedergegeben. Eingangsgrößen für das Technologiemanagement stellen Störgrößen dar. Dies beinhaltet sowohl externe als auch interne Einflussfaktoren. Zur Systematisierung der externen Einflussfaktoren kann auf die Triebkräfte des Branchenwettbewerbs nach PORTER zurückgegriffen werden. Dabei handelt es sich um Lieferanten, potenzielle Konkurrenten, Abnehmer und Ersatzprodukte [PORT99, S. 34]. Intern beeinflussen beispielsweise begrenzte Mitarbeiter- und Finanzressourcen das Technologiemanagement.

Mit Hilfe des zu entwickelnden Technologie-Controllingkonzeptes sind zunächst Abweichungen (Regelabweichung) zwischen den Zielvorgaben (Führungsgrößen) und der Ist-Situation (Regelgröße) zu identifizieren. Dies entspricht der Kontrollfunktion des Technologie-Controllings. Der Regler bleibt der Mensch, der auf der Basis von transparenten Informationen Maßnahmen zu identifizieren hat (Stellgrößen), die einen positiven Einfluss auf die Regelstrecke hat. Diese notwendige Transparenz wird vom Technologie-Controllingkonzept ermöglicht. Dies beinhaltet zum einen die Anforderung der Informationsbereitstellung, die durch detaillierte Informationen zu den einzelnen Aktivitäten, deren Wechselwirkungen etc. zu erfüllen ist. Dem Entscheider wird somit die Möglichkeit gegeben, z.B. durch die Initiierung weiterer Aktivitäten oder Änderung von Zielvorgaben für einzelne Aktivitäten, durch eine Ausrichtung technologieorientierter Aktivitäten auf Störgrößen zu reagieren und ein Optimum im Hinblick auf die Zielerreichung sicherzustellen. Der Regelkreisansatz eignet sich zum anderen zur Verfolgung der Zielerreichung der Einzelaktivitäten des Technologiemanagements.

3.2.2 Modelltheorie

Ein Modell ist ein vereinfachtes Abbild der Wirklichkeit mit dem Ziel, Erkenntnisse über die bestehende und zukünftige Welt zu gewinnen [HAIS91, S. 183; HABE99, S. 10]. Da die Wirklichkeit durch ein hohes Maß an Komplexität gekennzeichnet ist, erfolgt im Rahmen einer Modellierung die Abstraktion der Realität. Dabei werden einzelne Aspekte der Realität herausgelöst und nicht relevante Attribute der Realität vernachlässigt. Diese Trennung von relevanten und irrelevanten Attributen setzt eine ausreichende Kenntnis des abzubildenden Systems mit allen seinen Wechselwirkungen und Gesetzmäßigkeiten voraus. Wenn diese Herausforderung überwunden ist, ermöglicht die Betrachtung des Modells einen einfacheren und übersichtlicheren Blick auf die Realität sowie ein besseres Verständnis der selbigen [HAIS91, S. 184].

Von STACHOWIAK werden das Abbildungs-, das Verkürzungs- und das pragmatische Merkmal zur Systematisierung der Modellbildung beschrieben. Das Abbildungsmerkmal besagt, dass ein Modell immer die Repräsentation von natürlichen

Grobkonzept

oder künstlichen Originalen darstellt, die dabei selbst wieder ein Modell sein können. Dabei müssen nicht alle Attribute des Originals berücksichtigt werden. Dies wird unter dem Verkürzungsmerkmal verstanden. Innerhalb der Modellbildung erfolgt somit die Reduktion des Originals auf dessen relevante Attribute aus Sicht des Modellschaffenden. Das pragmatische Merkmal beschreibt die eindeutige Zuordnung eines Modells zu einem Original. Dabei ist neben der Zielsetzung des Modells der Nutzer und der Nutzungszeitraum des Modells zu definieren [STAC73, S. 131 ff.].

Ausgehend von diesen Hauptmerkmalen erfolgt die Formulierung des Modells. Dies beinhaltet die Überführung der Realität in das Modell und somit den zuvor beschriebenen Abstraktionsprozess. Die Formulierung des Modells stellt den ersten Prozessschritt der Modellierung dar [HAIS91, S. 188 ff.]. Daran schließt sich innerhalb der Modellwelt die Auswertung des Modells an. Ziel ist es, Erkenntnisse über das Modellverhalten zu erhalten. Dabei wird z.B. auf physikalische Experimente, Lösung mathematischer Gleichungen oder Simulationen zurückgegriffen. Im dritten Schritt erfolgt die Übertragung der Modellergebnisse auf das reale Verhalten, d.h. die Modellergebnisse sind vor dem Hintergrund der Modellannahmen sowie der Anfangs- und Nebenbedingungen zu interpretieren. Liegt abschließend eine Übereinstimmung der Modellergebnisse mit den Ergebnissen empirischer Untersuchungen vor, so wird dies als Validierung des Modells bezeichnet [HAIS91, S. 188 ff.].

In der Literatur werden unterschiedlichen Konzepte zur Klassifizierung von Modellen vorgeschlagen [HAIS91, S. 185; STAC73, S. 157 ff.; WÖHE02, S. 38 ff.; ZELE99, S. 47]. Dabei unterscheidet HAIST zunächst in materielle und formale Modelle. Materielle Modelle bilden die Wirklichkeit in einem greifbaren physikalischen Medium ab. Formale Modelle sind dem Bereich der Zeichen, Zahlen und mathematischen Strukturen zuzuordnen [HAIS91, S. 185 f.]. Im Rahmen der vorliegenden Arbeit wird auf formale Modelltypen fokussiert. Diese werden nach ZELEWSKI in Beschreibungs- und Analysemodelle mit den Untergruppen Erklärungs-, Entscheidungs- und Prognosemodelle unterschieden [ZELE99, S. 47 ff.]. Beschreibungsmodelle dienen der Abbildung empirischer Erscheinungen, ohne dass diese analysiert oder erklärt werden. Erklärungsmodelle haben die Aufgabe, Hypothesen und Gesetzmäßigkeiten aufzustellen und somit die Ursachen von Prozessabläufen aufzuzeigen. Werden ausgehend von Hypothesen und Gesetzmäßigkeiten zukünftige Konsequenzen abgeleitet, so werden die Modelle als Prognosemodelle bezeichnet. Diese formulieren somit eine Erklärung in eine Vorhersage um [WÖHE02, S. 39]. Entscheidungsmodelle übertragen die im Erklärungsmodell gewonnenen Erkenntnisse auf einen praktischen Anwendungsbereich. Vor dem Hintergrund eines festgelegten Ziels werden mögliche optimale Handlungsoptionen abgeleitet [WÖHE02, S. 40]. Dabei

Grobkonzept

wird zwischen Strukturmodellen und Zielmodellen unterschieden. Strukturmodelle dienen der Repräsentation eines objektiven Entscheidungsraumes und bilden die Gesamtheit der für den Entscheidungsfall relevanten Sachverhalte ab. Zur Darstellung einer subjektiven Präferenzordnung werden Zielmodelle genutzt [ZELE99, S. 49].

Prozess der Modellierung

Realität — Formulierung → Modellwelt
Reales System → Modell
↓ Auswertung
Reales Verhalten ← Interpretation — Modellergebnis

in Anlehnung an [HAIS91, S. 185]

Hauptmerkmale von Modellen

- Abbildungsmerkmal
  - Modell als Repräsentation von natürlichen oder künstlichen Originalen
- Verkürzungsmerkmal
  - Vernachlässigung nicht relevanter Attribute des Originals
- Pragmatisches Merkmal
  - Definition des zugehörigen Originals, des Nutzers, des Nutzungszeitraums und der Zielsetzung

[STAC73, S. 157 f.]

Klassifizierung von Modellen

Modelle: Vereinfachtes Abbild der Wirklichkeit

- **Formale Modelle:** Abbildung durch Zeichen und Strukturen
- **Materielle Modelle:** Abbildung durch physikalische Medien
- **Explizite Modelle:** Sprachlich ausgestaltete Modelle
- **Implizite Modelle:** Gedankliche Konstrukte von Individuen
- **Beschreibungsmodelle:** Abbildung empirischer Erscheinungen
- **Analysemodelle:** Auswertung empirischer Erscheinungen
- **Entscheidungsmodelle:** Auswahl einer optimalen Handlungsalternative
- **Erklärungsmodelle:** Aufstellung von Hypothesen über Wirkzusammenhänge
- **Prognosemodelle:** Ermittlung zukünftiger Konsequenzen
- **Zielmodelle:** Darstellung einer subjektiven Präferenzordnung
- **Strukturmodelle:** Repräsentation des objektiven Entscheidungsraums

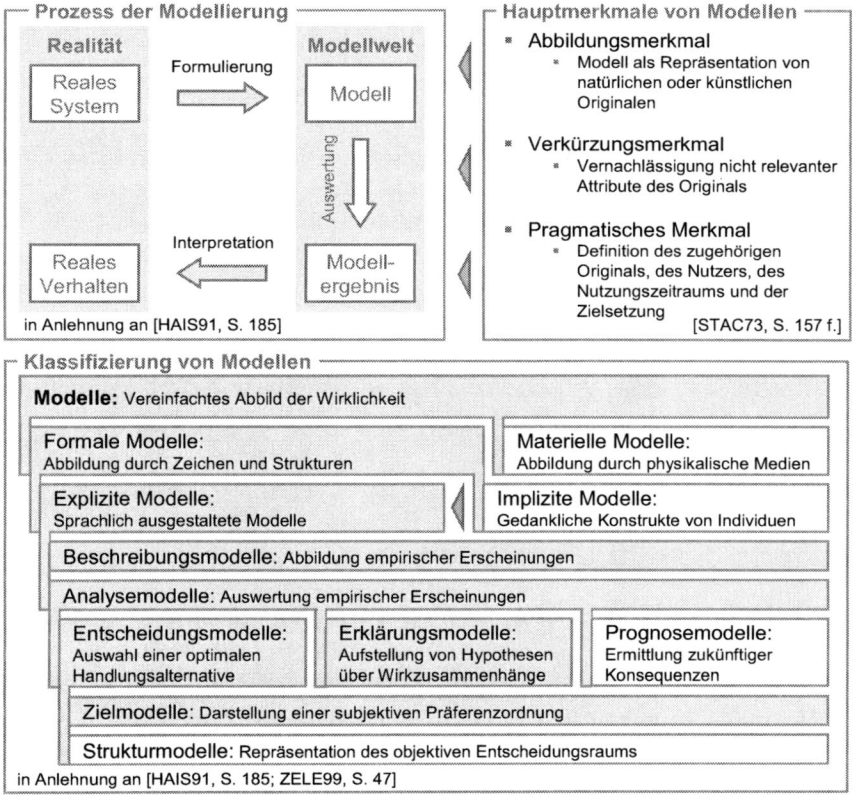

in Anlehnung an [HAIS91, S. 185; ZELE99, S. 47]

Bild 3-5: Grundlagen der Modelltheorie

Ziel der vorliegenden Arbeit ist es, ein Controllingkonzept für technologieorientierte Aktivitäten aufzubauen. Damit sollen Entscheider in die Lage versetzt werden, die Komplexität technologieorientierter Entscheidungen zu beherrschen. Eine wesentliche Aufgabe besteht daher zunächst in der Beschreibung der technologieorientierten Aktivitäten und deren Wechselwirkungen. Wie in Abschnitt 3.3 detailliert gezeigt wird, basiert das zu erstellende Controllingkonzept auf Beschreibungs-, Erklärungs- und Entscheidungsmodellen.

3.2.3 Systemtechnik

Nach HABERFELLNER soll die Systemtechnik als eine auf bestimmten Denkmodellen und Grundprinzipien beruhende Wegleitung zur zweckmäßigen und zielgerichteten Gestaltung komplexer Systeme betrachtet werden [HABE99, S. XVII]. Im Rahmen der vorliegenden Arbeit unterstützen diese Grundprinzipien die inhaltlichen und insbesondere die formalen Anforderungen an das Controllingkonzept.

Ein System setzt sich aus Elementen und Beziehungen zusammen (siehe Bild 3-6). Unter dem Begriff Element werden Teile bzw. Bausteine eines Systems verstanden, die selbst wieder als eigenständiges System bezeichnet werden können [DAEN89, S. 11; HABE99, S. 5]. In der Realität werden unter dem Begriff Beziehung unterschiedliche Arten subsumiert. Dies beinhaltet beispielsweise Wirkungszusammenhänge, Informationsflüsse oder Materialflüsse. Eine Gruppe von Elementen wird durch eine Systemgrenze gegenüber dem Umfeld abgegrenzt. Dennoch werden die meisten als offen bezeichnet, da sie Beziehungen über Systemgrenzen hinweg beinhalten. Dies bedeutet, dass so genannte Umfeldelemente oder Umfeldsysteme Einfluss auf das betrachtete System ausüben. Anderenfalls werden die Systeme als geschlossen bezeichnet [NEDE97, S. 8]. Der überwiegende Teil der Beziehungen findet allerdings im Inneren eines Systems statt und stellt ein Charakteristikum eines Systems dar [HABE99, S. 5 f.]. Die Kenntnis der Bestandteile eines Systems und deren struktureller Anordnung bildet die Voraussetzung für das Verstehen von Systemen und erläutert die Grundaussage der Systemtechnik, dass das Ganze mehr als die Summe der Einzelteile darstellt [DAEN89, S. 12].

Die „Philosophie" der Systemtechnik besteht aus den Grundbausteinen Systemdenken und Vorgehensmodell. Das Systemdenken stellt prinzipielle Denkweisen sowie grundlegende Definitionen zur Verfügung, so dass Sachverhalte strukturiert gestaltet und dargestellt werden können, und untergliedert sich in die Bereiche Systemstruktur und vernetztes Denken. Innerhalb der Systemstruktur werden die grundlegenden Begriffe (z.B. Elemente, Beziehungen) definiert (siehe Bild 3-6 oben). Innerhalb des vernetzten Denkens werden Methoden zur Problemstrukturierung bereitgestellt. Dies beinhaltet Ansätze der Regelungstechnik sowie Ursache-Wirkungsdiagramme [BECK99].

Das Vorgehensmodell basiert auf vier Grundgedanken, die nicht losgelöst voneinander betrachtet werden können [HABE99, S. 29]. Dies ist zunächst der Grundsatz vom Groben zum Detail. Hintergrund dieses Grundgedankens ist die in der Praxis verbreitete Neigung, sich zu schnell mit Detailfragen auseinander zu setzen und dabei das Gesamtsystem aus dem Auge zu verlieren. Um dies zu verhindern, ist

Grobkonzept

zunächst der Betrachtungsbereich zu untersuchen und diejenigen Teilbereiche festzulegen, die detaillierter betrachtet werden müssen. Dabei sind alle beeinflussenden Faktoren und deren Wirkzusammenhänge zu berücksichtigen. Von einer Betrachtungsebene zur nächsten steigt somit der Konkretisierungs- und Detaillierungsgrad der Problemlösung [HABE99, S. 30 ff.; BÖHM05, S. 2 f.].

― Grundbegriffe der Systemdefinition ―

- System
- Systemgrenze
- Element
- Beziehung
- Umfeld
- Umfeldelement
- Umsystem

in Anlehnung an [HABE99, S. 5 ff.]

Leitgedanken der Systemtechnik

― Systemdenken ―
- **Systemstruktur**
  - Definition der Grundelemente der Systemtechnik
- **Vernetztes Denken**
  - Bereitstellung von Methoden zur Problemstrukturierung

― Vorgehensmodell ―
- **Vom Groben zum Detail**
  - Steigender Konkretisierungs- und Detaillierungsgrad von einer Betrachtungsebene zur nächsten
- **Prinzip der Variantenbildung**
  - Einbeziehung unterschiedlicher Lösungsvorschläge
- **Phasengliederung**
  - Gliederung des Prozesses der Systementwicklung und -realisierung unter zeitlichen Gesichtspunkten in überschaubare Teiletappen
- **Problemlösungsprozess**
  - Anwendung einer Art Arbeitslogik als formaler Vorgehensleitfaden

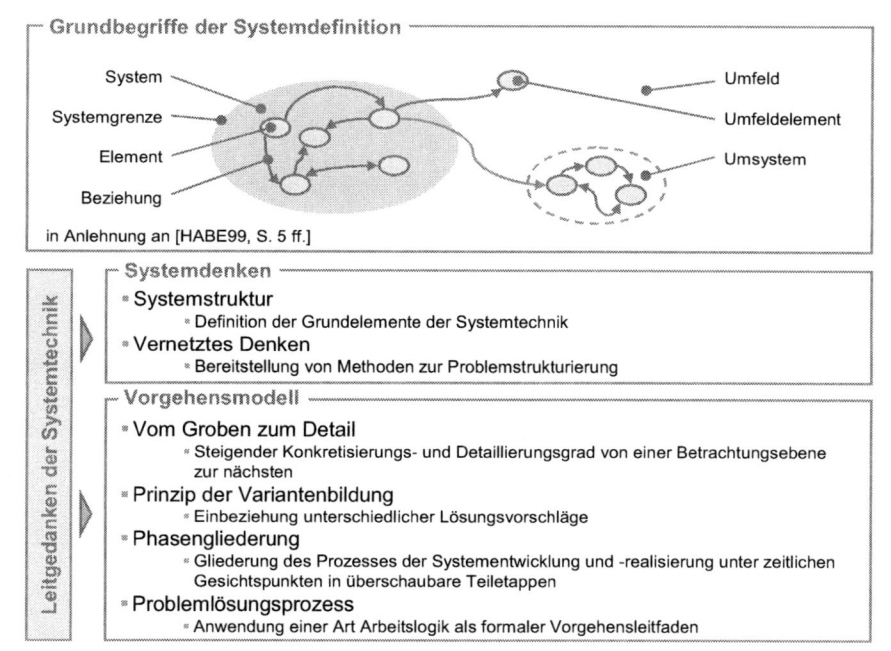

Bild 3-6: Grundlagen der Systemtechnik

Das Prinzip der Variantenbildung beinhaltet die Einbeziehung unterschiedlicher Lösungsvorschläge, d.h. unterschiedliche Varianten einer Lösung müssen auf einem abstrakten Niveau untersucht werden, bevor die Detaillierung einer Lösungsidee vorgenommen wird. Dabei müssen die Konsequenzen einzelner Ideen bekannt sein, um die Auswahl einer bestimmten Lösung zu ermöglichen [HABE99, S. 33]. Das Prinzip der Phasengliederung stellt eine Art Makro-Logik dar, die den Prozess der Systementwicklung und -realisierung unter zeitlichen Gesichtspunkten in überschaubare Teiletappen gliedert. Das Phasenmodell wird nach dem Lebenszyklus eines Systems in drei Hauptgruppen unterteilt. Dies beinhaltet zunächst die Hauptphase der Entwicklung, der die Projektphasen Vorstudie, Hauptstudie und Detailstudie zuzuordnen sind. Die Hauptphase der Realisierung setzt sich zusammen aus den Projektphasen Systembau und Systemeinführung. Mit der Hauptphase der Nutzung

Grobkonzept

endet das Phasenmodell unter Berücksichtigung der Projektphase Projektabschluss und ggf. Anstoß zu neuem Projekt [BÖHM05, S. 4]. Innerhalb des Systems Engineering wurde des Weiteren ein formaler Vorgehensleitfaden etabliert, der zur Lösung unterschiedlicher Probleme genutzt werden kann. Dieser Problemlösungszyklus stellt im Gegensatz zum Phasenmodell eine Art Mikro-Logik dar, die innerhalb jeder Projektphase eingesetzt werden kann. Die Schwerpunkte liegen dabei auf der Zielsuche bzw. Zielkonkretisierung, der Lösungssuche und der Auswahl [HABE99, S. 47; BÖHM05, S. 7 ff.].

3.3 Entwicklung des Grobkonzeptes

Vor dem Hintergrund der festgelegten inhaltlichen und formalen Anforderungen wird im Weiteren, aufbauend auf den Prinzipien der Systemtechnik sowie der Modelltheorie, die Struktur des Technologie-Controllingkonzeptes entwickelt. Unter der Struktur werden die Menge und Art der Relationen verstanden, die zwischen den Elementen bzw. Subsystemen sinnvoll herstellbar sind [BRUN91, S. 46]. Dabei wird zwischen der Aufbau- und der Ablaufstruktur unterschieden [BRUN91, S. 42 ff.; PATZ82, S. 40]. Innerhalb der Aufbaustruktur wird der inhaltliche Zusammenhalt der einzelnen Teilmodelle beschrieben, während innerhalb der Ablaufstruktur ein Implementierungsmodell zur erstmaligen Einführung sowie die Auswahl einer geeigneten Modellierungsmethode beschrieben werden.

3.3.1 Aufbaustruktur

Die Struktur der inhaltlichen Anforderungen beschreiben im Sinne einer Black-Box-Betrachtung die Aufgaben der zu erstellenden Methodik. Diese Aufgaben beinhalten die Informationsbereitstellung, die Planung und Kontrolle sowie die Koordination. Auf Basis der zugeordneten inhaltlichen Anforderungen lassen sich gemäß des Prinzips „vom Groben zum Detail" einzelne Teilmodelle herausarbeiten. Um die Komplexität des Gesamtsystems zu bewältigen, wird es somit durch eine top-down-Entwicklung in Teilmodelle zerteilt oder durch eine bottom-up-Entwicklung aus den Teilmodellen zusammengesetzt. Im Sinne der Modularisierung erfolgt aufgrund der abgrenzbaren Beziehungen zwischen den Teilsystemen ein modularer Aufbau des Gesamtkonzeptes. Ein Modul stellt ein selbständiges, unabhängiges Teilmodell für eine geschlossene Aufgabenstellung dar, dessen Schnittstellen zu anderen Modulen klar strukturiert und wenig veränderlich sein sollen. Die Aufbaustruktur des Grobkonzeptes wird im Weiteren durch Dekomposition gemäß der top-down-Entwicklung erstellt.

Die einzelnen Module müssen die Realität gemäß dem Abbildungs-, Verkürzungs- und pragmatischen Merkmal der Modelltheorie [STAC73, S. 131 ff.] wiedergeben.

Dabei setzt sich das Grobkonzept aus beschreibenden und erklärenden Modellen zusammen. Aus den inhaltlichen Anforderungen lassen sich die Objekte der Beschreibung herleiten. Im Rahmen der vorliegenden Arbeit soll ein Instrumentarium geschaffen werden, das es ermöglicht, den permanenten Anpassungsproblemen technologieorientierter Unternehmen zu begegnen und die Lücke zwischen strategischen Zielsetzungen und deren Umsetzung zu schließen. Dabei sind die strategischen **Technologieziele** eines Unternehmens durch konkrete **Aufgaben** des Technologiemanagements in den **Unternehmensfunktionen** zu verankern und die Durchführung der Aufgaben durch messbare Größen sicherzustellen. Diese hervorgehobenen drei Objekte stellen die inhaltlichen Eckpfeiler des zu entwickelnden Instrumentariums dar. Die zwischen diesen Objekten bestehenden Beziehungen sind abgrenzbar, so dass jedes dieser Objekte durch ein eigenständiges Beschreibungsmodell betrachtet werden kann. Mit Hilfe der Beschreibungsmodelle werden folgende Fragestellungen adressiert:

- Welche technologieorientierten Ziele können von Unternehmen verfolgt werden?
  → **Zielmodell**
- Welche Aufgaben sind im Technologiemanagement durchzuführen?
  → **Aktivitätenmodell**
- Wer im Unternehmen ist für die Durchführung der Aufgaben verantwortlich?
  → **Rollenmodell**

Die Beschreibungsmodelle stellen die empirische Basis des Konzeptes dar. Deren Auswertung erfolgt durch Erklärungs- und Entscheidungsmodelle, so dass unternehmensspezifische Hypothesen und Wirkzusammenhänge aufgestellt werden können. Dies beinhaltet die unternehmensspezifische Auswahl von technologieorientierten Aufgaben, deren Bewertung durch messbare Größen und deren Integration in einen unternehmensspezifischen Gesamtzusammenhang. Mit Hilfe der Erklärungs- und Entscheidungsmodelle werden folgende Fragestellungen adressiert:

- Welche Aufgaben des Technologiemanagements sind zu fokussieren, um eine Ausrichtung des Technologiemanagements auf die unternehmerischen Zielen zu unterstützen?
  → **Typologiemodell**
- Wie kann der Erfolg einer technologieorientierten Aufgabe gemessen werden?
  → **Messgrößenmodell**
- Wie können die unternehmensspezifischen Aktivitäten und deren Messgrößen zu einem Steuerungsinstrument zusammengefasst werden?
  → **Controllingrahmen**

Grobkonzept

In Bild 3-7 sind die einzelnen Teilmodelle in Bezug zu den inhaltlichen Anforderungen dargestellt. Im Folgenden wird auf einer weiteren Detaillierungsstufe die Struktur der Teilmodelle skizziert.

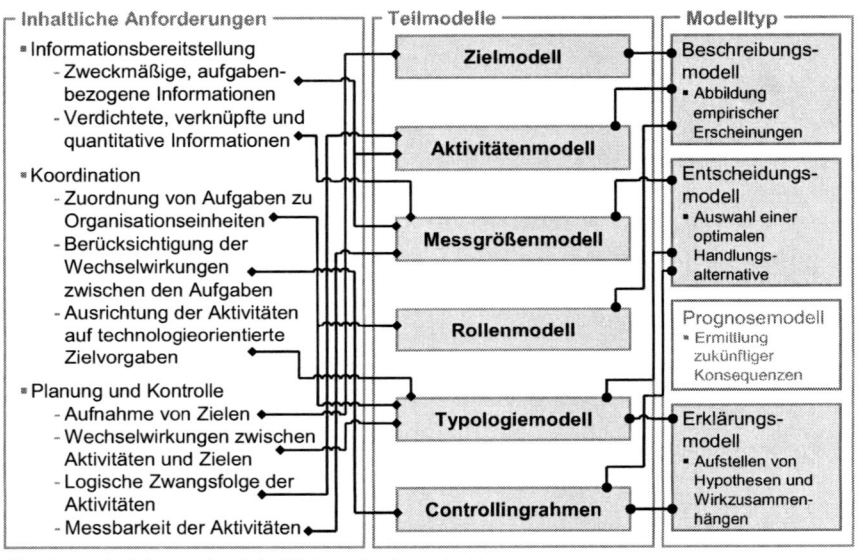

Inhaltliche Anforderungen	Teilmodelle	Modelltyp

• Informationsbereitstellung
  - Zweckmäßige, aufgabenbezogene Informationen
  - Verdichtete, verknüpfte und quantitative Informationen
	Zielmodell	Beschreibungsmodell
		• Abbildung empirischer Erscheinungen

• Koordination
  - Zuordnung von Aufgaben zu Organisationseinheiten
  - Berücksichtigung der Wechselwirkungen zwischen den Aufgaben
  - Ausrichtung der Aktivitäten auf technologieorientierte Zielvorgaben
	Aktivitätenmodell
	Messgrößenmodell
	Rollenmodell
		Entscheidungsmodell
		• Auswahl einer optimalen Handlungsalternative
		
		Prognosemodell
		• Ermittlung zukünftiger Konsequenzen

• Planung und Kontrolle
  - Aufnahme von Zielen
  - Wechselwirkungen zwischen Aktivitäten und Zielen
  - Logische Zwangsfolge der Aktivitäten
  - Messbarkeit der Aktivitäten
	Typologiemodell
	Controllingrahmen
		Erklärungsmodell
		• Aufstellen von Hypothesen und Wirkzusammenhängen

Bild 3-7: Herleitung der inhaltlichen Aufbaustruktur

Bevor eine Reise begonnen werden kann, muss das Ziel der Reise klar festgelegt werden, um den Weg zum Ziel auswählen zu können. Dies gilt ebenso für das Technologiemanagement. Mit Hilfe des **Zielmodells** werden Unternehmen in die Lage versetzt, ihre technologische Ausrichtung einzuordnen. Fokus sind dabei strategische Zielvorgaben, die in Form von grundlegenden Wettbewerbs- und Technologiestrategien abgebildet werden. Darüber hinaus ist die Technologieausrichtung (Produkt- oder Produktionstechnologie) einzubeziehen. Operative Ziele werden im Zielmodell nicht erfasst. Diese werden einzelnen Aufgaben des Aktivitätenmodells in Form von Kennzahlen zugeordnet und sind demnach Inhalt des Messgrößenmodells.

In der vorhandenen Literatur werden überwiegend die Aufgaben des strategischen Technologiemanagements beschrieben (siehe Kapitel 2). Ausgehend von der Technologiefrüherkennung bis zur Kontrolle werden vielfältige Aufgaben beschrieben. Welche konkreten Aufgaben durch die operativen Einheiten zur Umsetzung der Technologiestrategien durchzuführen sind, wird nur unzureichend dargestellt. Vor diesem Hintergrund ist es das Ziel des **Aktivitätenmodells** als zentrales Element des Technologie-Controllingkonzeptes die operativen Aufgaben des Technologiemanagements herauszuarbeiten. Neben dieser inhaltlichen Zusammenstellung ist dabei eine logische Zwangsfolge der Aktivitäten zu berücksichtigen. Das Aktivitätenmodell stellt demnach eine Gesamtübersicht der operativen Aufgaben des Technologiemanagements und deren logische Abfolge in Form eines Arbeitsplans des Technologiemanagements dar.

Die Aktivitäten des Technologiemanagements können nicht einer einzigen Unternehmensfunktion zugeordnet werden [QIAN02, S. 129]. Vielmehr ist das Technologiemanagement unternehmensweit in die Struktur eines Unternehmens zu integrieren. Zu diesem Zweck sind die technologieorientierten Aktivitäten auf Funktionsbereiche zu verteilen. Mit Hilfe des **Rollenmodells** werden Unternehmen unterstützt, die technologieorientierten Aktivitäten zielführend zu verteilen. Um dies zu ermöglichen, sind die technologierelevanten Funktionsbereiche eines Unternehmens auf generischer Ebene zu beschreiben, so dass eine Einordnung real existierender funktionaler Strukturen sichergestellt werden kann. Darüber hinaus werden die Aktivitäten des Aktivitätenmodells einzelnen Rollen zugeordnet, so dass eine Übertragung der Aktivitäten auf unternehmensspezifische Strukturen ermöglicht wird.

Je nach Zielsetzung eines Unternehmens sind die Schwerpunkte innerhalb der technologieorientierten Aktivitäten unterschiedlich zu setzen. Aufgabe des **Typologiemodells** ist es, in Anhängigkeit von der technologieorientierten Unternehmenszielrichtung (Ergebnis des Zielmodells) die Schwerpunkte innerhalb der technologieorientierten Aktivitäten (Ergebnis des Aktivitätenmodells) zu setzen und somit die Zusammenstellung eines unternehmensspezifischen Aktivitätenbündels zu unterstützen. Ergebnis ist eine inhaltlich ausgearbeitete Typologiematrix, die in Abhängigkeit von der Wettbewerbs- und Technologiestrategie sowie der technologischen Ausrichtung Aktivitätenschwerpunkte wiedergibt. Das Typologiemodell dient somit der Effektivität des Technologie-Controllingkonzeptes und ermöglicht die Fokussierung auf die für das betrachtete Unternehmen wesentlichen Aktivitäten des Technologiemanagements.

Das **Messgrößenmodell** ist eng mit dem Typologie- und Aktivitätenmodell verknüpft. Ziel ist es, für die unternehmensspezifischen Aktivitäten eine Kennzahl zur Überprüfung der Zielerreichung zu identifizieren. D.h. hier sind unternehmensspezifische Randbedingungen zu berücksichtigen, die unternehmensspezifische Kennzahlen erfordern. Vor diesem Hintergrund wird im Messgrößenmodell eine Vorgehensweise zur Ableitung und Priorisierung unternehmensspezifischer Kennzahlen zur Verfügung gestellt. Somit kann die vollständige Abdeckung der Aufgaben durch Kennzah-

Grobkonzept

len sichergestellt werden. Denn „*nur was messbar ist, ist auch steuerbar, und was steuerbar ist, kann auch verbessert werden*" [KLEI94, S. 49].

Innerhalb des **Controllingrahmens** ist die Steuerungsfunktion des Konzeptes gemäß des Regelkreisansatzes auszugestalten. Dazu ist eine Systemstruktur zu entwickeln, die eine gesamtheitliche Darstellung der aktivitätenbezogenen und unternehmensspezifischen Kennzahlen erlaubt. Eine Integration in ggf. existierende Kennzahlensysteme innerhalb des betrachteten Unternehmens ist dabei zu berücksichtigen. Neben der Funktion des Berichtswesens, in der die Zielereichung nutzeradäquat aufbereitet und visualisiert wird, sind Analysevorschriften zur Bewertung der Zielerreichung zu implementieren.

In Bild 3-8 sind die einzelnen Modelle zum Grobkonzept des Technologie-Controllings zusammengeführt. Bevor nun im anschließenden Kapitel die detaillierte inhaltliche Ausgestaltung der Modelle beschrieben wird, erfolgt im folgenden Abschnitt zunächst die Erarbeitung der Ablaufstruktur, in der die chronologische Nutzung der einzelnen Modelle zur erstmaligen Implementierung des Technologie-Controllingkonzepts beschrieben wird.

Zielmodell
→ **Technologische Handlungsoptionen der Unternehmensführung**

Aktivitätenmodell
- Aufgabenbezogene Strukturierung des Technologiemanagements
- Zusammenstellung operativer Aktivitäten des Technologiemanagements
- Logische Zwangsfolge

→ **Arbeitspläne des Technologiemanagements**

Rollenmodell
- Allgemeingültige Funktionsbereiche
→ **Zuordnung von Rollen zu Aktivitäten**

Typologiemodell
- Ableitung von zielabhängigen Aktivitätenschwerpunkten
- Verknüpfung von Wettbewerbs-, Technologiestrategie und Technologieausrichtung

→ **Typologiematrix zur Auswahl unternehmensspezifischer Aktivitäten**

Messgrößenmodell
- Vorgehensweise zur Kennzahlermittlung, -priorisierung und -auswahl

→ **Zuordnung von Kennzahlen zu unternehmensspezifischen Aktivitäten**

Controllingrahmen
- Gesamtheitliche Darstellung der aktivitätenbezogenen und unternehmensspezifischen Kennzahlen
- Analysevorschriften
- Visualisierung, z.B.:

→ **Steuerungsinstrument**

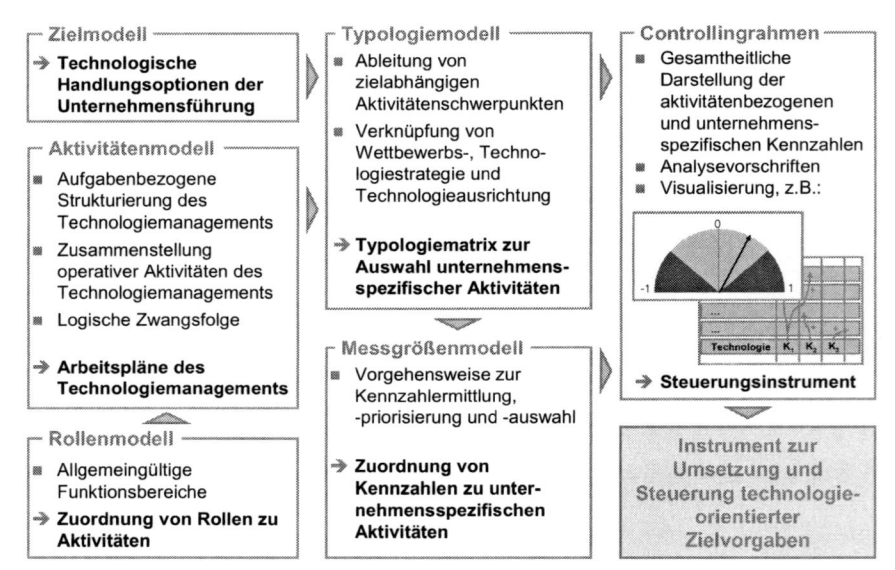

Instrument zur Umsetzung und Steuerung technologieorientierter Zielvorgaben

Bild 3-8: Grobkonzept zum Technologie-Controlling

3.3.2 Ablaufstruktur

Während im vorangegangenen Abschnitt die Elemente der Methodik auf Basis der Modelltheorie und der Systemtechnik hergeleitet wurden, erfolgt nun der Aufbau eines Implementierungsmodells zur Operationalisierung der Methodik, das zur erstmaligen Erstellung eines unternehmensspezifischen Technologie-Controllingkonzeptes benötigt wird. Dieses Vorgehensmodell dient der Erfüllung der formalen Forderungen nach Anwendbarkeit der Methodik und nach einer hohen Aufwand/Nutzen-Relation, die nur durch eine nachvollziehbare Beschreibung der durchzuführenden Schritte realisiert werden können. Gemäß dem Prinzip der Phasengliederung der Systemtechnik erfolgt die Problemlösung, der unternehmensspezifische Aufbau eines Technologie-Controllingsystems, in überschaubaren Teiletappen, die den Teilmodulen der Aufbaustruktur zugeordnet werden. Dementsprechend muss der Problemlösungszyklus linearisiert werden, damit eine logische, zeitliche und inhaltliche Unterscheidung in voneinander abgrenzbaren Phasen als Makrologik ermöglicht werden kann [HABE99, S. 37].

Das Vorgehensmodell ist in 5 Phasen unterteilt: Zielanalyse, Aktivitätenzuordnung, Kennzahlenermittlung, Rollenanalyse und Integration. Innerhalb jeder Phase sind bestimmte Arbeiten durchzuführen, die durch die einzelnen Teilmodelle unterstützt werden. In der Zielanalyse erfolgt ausgehend von den Wettbewerbs- und Technologiestrategien die strategische Standortbestimmung des Unternehmens. Innerhalb der Aufgabenzuordnung sind aus den Aktivitäten des Technologiemanagements (Ergebnis des Aktivitätenmodells) die unternehmensrelevanten Aktivitäten auszuwählen. Dies wird durch die Typologiematrix (Ergebnis des Typologiemodells) unterstützt, die je nach Unternehmenszielrichtung Aktivitätenschwerpunkte vorschlägt. Darauf aufbauend sind in der Kennzahlenermittlung Kennzahlen für das unternehmensspezifische Aktivitätenbündel zu ermitteln. Dazu wird das Messgrößenmodell genutzt, das eine Vorgehensweise zur Ermittlung und Priorisierung von Kennzahlen bereitstellt. Im nächsten Schritt erfolgt der Abgleich des Rollenmodells mit den unternehmensspezifischen Funktionseinheiten. Dies ermöglicht die Zuordnung der ausgewählten Aktivitäten zu einzelnen Unternehmensbereichen. Abschließend erfolgt die Integration der Aktivitäten und Kennzahlen in den Controllingrahmen. Ergebnis ist ein unternehmensspezifisches Technologie-Controllingsystem. In Bild 3-9 sind die Bausteine des Vorgehensmodells auf der obersten Aggregationsebene dargestellt. Eine Detaillierung wurde mit Hilfe der in Abschnitt 3.2.3 ausgewählten Modellierungssprache erstellt und ist dem Anhang beigefügt.

Die eindeutige Reihenfolge der Arbeitsschritte wird durch die Notwendigkeit von Informationen und Ergebnissen von vorgelagerten Arbeitsschritten festgelegt. Die

Grobkonzept

iterativen Rückschritte stellen dabei einen Kompromiss zwischen einer idealisierten linearen und somit sequentiellen Abfolge und einem realistischen universellen Verhalten dar, das durch nachträgliche Anpassungen und Neuausrichtungen in der erstmaligen Erstellung eines unternehmensspezifischen Technologie-Controllingkonzeptes gekennzeichnet ist.

Teilmodelle | **Bausteine des Vorgehensmodells**

- Zielmodell → Zielanalyse
  - Aufnahme und Einordnung der technologieorientierten Unternehmensziele
- Aktivitätenmodell → Aktivitätenzuordnung
  - Festlegung der Aktivitätenschwerpunkte für das betrachtete Unternehmen
  - Auswahl unternehmensspezifischer Aktivitäten
- Messgrößenmodell → Kennzahlenermittlung
  - Definition unternehmensspezifischer Kennzahlen
  - Priorisierung und Auswahl von Kennzahlen
- Rollenmodell → Rollenanalyse
  - Aufnahme der Unternehmensfunktionen
  - Zuordnung der Verantwortungsbereiche
- Typologiemodell
- Controllingrahmen → Integration
  - Integration in den Controllingrahmen
  - Ermittlung der Kennzahlausprägungen

→ **Unternehmensspezifisches Technologie-Controllingsystem**

(iterative Rückschritte)

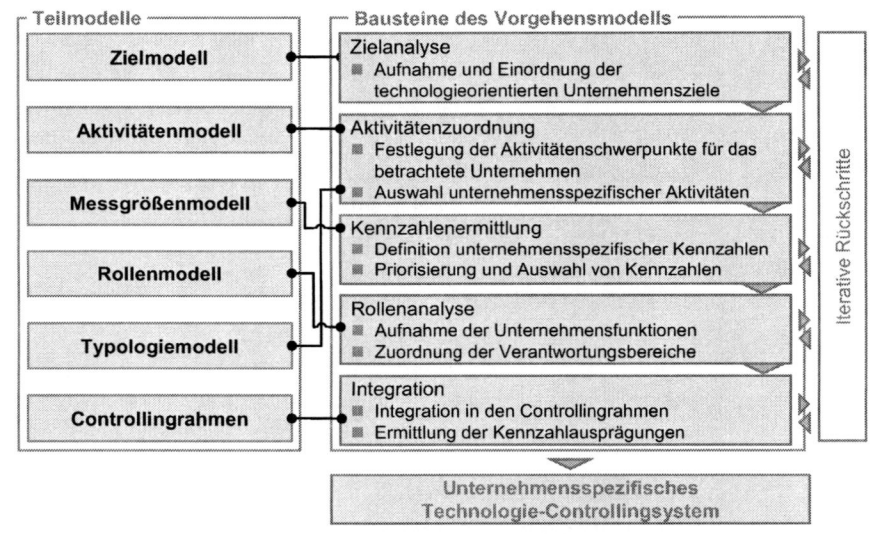

Bild 3-9: Implementierungsmodell zur Operationalisierung des Technologie-Controllingkonzeptes

3.3.2.1 Modellierungsmethode

Zur Sicherstellung einer systematischen Modellbildung ist das Implementierungsmodell methodisch zu unterstützen. In der Literatur existieren viele Methoden, die vor dem Hintergrund unterschiedlicher Einsatzzwecke entwickelt wurden. Diese gehen historisch auf die Planung und Einführung von Informationsverarbeitungssystemen zurück [WENG96, S. 59]. Zur Auswahl einer Methode für den vorliegenden Anwendungsfall wird zunächst das Anforderungsprofil beschrieben.

Innerhalb des Implementierungsmodells wurden die einzelnen Arbeitsschritte zum Aufbau eines unternehmensspezifischen Technologie-Controllingkonzeptes zusammengestellt. Mit Hilfe der auszuwählenden Modellierungsmethode sollen diese Abläufe visualisiert werden. Die einzelnen Arbeitsschritte dienen der Umwandlung von Eingangs- in Ausgangsinformationen. Die Abläufe müssen somit mit den erzeugten und verarbeiteten Informationen sowie deren Relationen verbunden werden. Daraus ergibt sich die Forderung nach einer funktionsorientierten Abbildung von Aktivitäten und Informationsflüssen. Im Weiteren soll das Implementierungsmodell genutzt werden, um einen strukturierten Überblick zur Navigation innerhalb der zu entwickelnden Gesamtmethodik zu ermöglichen. Entsprechend dem Prinzip „vom Groben zum Detail" führt dies zur Forderung nach der Möglichkeit zur Hierarchisierung innerhalb des Implementierungsmodells. Abschließend sollen alle Elemente übersichtlich und transparent dargestellt werden. Ausgehend von den beschriebenen Anforderungen kann eine Eingrenzung innerhalb der Vielfalt an Modellierungsmethoden vorgenommen werden, so dass im Folgenden in der Praxis bewährte Methoden zur Untersuchung herangezogen werden.

Die **Entity-Relationship-Modellierung** (ERM) entstammt dem Bereich des Software Engineering. CHEN [CHEN76; CHEN80] verfolgte mit dieser Methode die Kombination bislang verwendeter Ansätze im Hinblick auf eine zu vereinheitlichende Datensicht für den Entwurf von Informationssystemen [HARS94, S. 11; CHEN76, S. 9]. Die Einteilung der realen Welt in Objekte (Entities) und Beziehungen (Relations) zwischen diesen stellt die Basis der ERM-Methode dar. Dabei bezeichnet eine Entität eine Sache oder eine Informationseinheit, die durch Attribute näher beschrieben wird. Zur Darstellung der Modelle werden Entity-Relationship-Diagramme aufgebaut. Spezialisierungen und Weiterentwicklungen finden sich beispielsweise im ARIS-ERM [SCHE92, S. 102] oder CIMOSA-ERM [ESPR91, S. 86 ff.; vgl. ESPR88]. Bei allen ERM-Varianten steht die Darstellung von statischen Datenzusammenhängen im Vordergrund. Funktionen und Prozesse können nur eingeschränkt abgebildet werden [KRAH99, S. 177 f.; SÜSS91, S. 55].

PETRI entwickelte Anfang der sechziger Jahre die Theorie der **Petri-Netze** [PETR62]. Dabei stand die Abbildung grundlegender Eigenschaften und das Verhalten informationsverarbeitender Systeme im Vordergrund. Ein System wird demnach anhand seiner statischen Struktur und dessen dynamischen Verhaltens beschrieben. Zur Beschreibung der statischen Struktur werden die Elemente aktive und passive Knoten sowie gerichtete Kanten genutzt. Aktive Knoten werden als Quadrate, passive Knoten als Kreise und gerichtete Kanten in Form von Pfeilen dargestellt [E-VER97, S. 17-43 f.]. Somit ergeben sich Bedingungs-Ereignis-Netze [SÜSS91, S. 52]. Das dynamische Verhalten des Systems wird durch Marken (Tokens) beschrieben, die die derzeit aktiven Bedingungen kennzeichnen. Petri-Netze eignen sich damit zur Modellierung von Funktionen und Verzweigungen, die sich durch Bedingungen und Ereignisse darstellen lassen. Dies gilt insbesondere für parallel ablaufende Prozesse. Petri-Netze berücksichtigen keine Informationsflüsse und lassen auch keine Hierarchisierung unterschiedlicher Systemebenen zu. Darüber hinaus wird die Darstellungsform schnell unübersichtlich und somit schwer interpretierbar [LEHN91, S. 297 f.; WENG96, S. 60; SPUR93, S. 168]. Vor dem Hintergrund der vorliegenden Aufgabenstellung sind Petri-Netze nicht zur Abbildung des Implementierungsmodells geeignet.

Ähnlich wie die ERM-Methode wird die **Structured Analysis und Structured Design** (SA/SD) seit Beginn der 70er Jahre zur Datenflussmodellierung eingesetzt [YOUR93, S. 8]. Dies beinhaltet die Modellierung von Objekten, deren dynamisches Verhalten sowie deren Funktionen. Der Schwerpunkt liegt auf der Funktionsmodellierung und der funktionalen Dekomposition. Mit Hilfe von Datenflussdiagrammen werden Systeme in verständliche und beherrschbare Subsysteme zerlegt, die daraufhin neu strukturiert, definiert oder durch funktionale Dekomposition detailliert werden [SÜSS91, S. 48]. Somit können Informationsflüsse dargestellt werden. Eine funktionsübergreifende Prozessmodellierung, wie sie für den vorliegenden Anwendungsfall benötigt wird, ist jedoch nicht zu realisieren [TRÄN90, S. 36].

Die **Structured Analysis and Design Technique** (SADT) wurde aufbauend auf den SA-Methoden als graphisches Beschreibungsmittel für den Systementwurf entwickelt [SÜSS91, S. 55]. Dabei werden Aktivitäten, Daten und Objekte in einem SADT-Diagramm modelliert. Zu diesem Zweck werden ein Aktivitäten- und ein Datenmodell bereitgestellt. Die wesentlichen Grundelemente des Aktivitätenmodells, das häufig im Rahmen des Software Engineering eingesetzt wird, stellen dabei Kästen und Pfeile dar (siehe Bild 3-10). Mit Hilfe der Kästen werden Funktionen bzw. Aktivitäten wiedergegeben, während die Pfeile die Beziehungen zwischen diesen Elementen in Form von Informations- bzw. Objektflüssen darstellen [EVER97, S. 17-41 f.]. Durch eine hierarchische Dekomposition des Betrachtungssystems (top-down) ermöglicht die SADT-Methode eine sukzessive Detaillierung von einer Abstraktionsebene zur nächsten, wobei eine Begrenzung auf 6 Untersysteme vorgeschrieben ist [ROSS85, S. 25].

Aufbauend auf der SADT-Methode wurde die **Integrated Computer Aided Manufacturing Programm Definition** (IDEF) entwickelt. Dabei handelt es sich um eine ausgereifte Methode, die Ende der 70er Jahre mit dem Ziel entwickelt wurde, die Produktivität im Bereich der Fertigung durch den systematischen Einsatz von Computertechnologien zu erhöhen. Ergebnis des Programms waren die drei Teilmethoden IDEF0, IDEF1 und IDEF2 [ERKE88, S. 29]. Mit ihnen können Funktionen (IDEF0), Informationen (IDEF1) und das dynamische Verhalten von Systemen (IDEF2) modelliert werden [EVER97, S. 7-130]. Die Darstellungsform von IDEF0 entspricht der Darstellung in SADT-Diagrammen. IDEF1 unterstützt das Funktions-

Grobkonzept

modell durch die Darstellung der Struktur der verwendeten Informationen. Die zeitliche Komponente wird durch IDEF2 wiedergegeben. Dies beinhaltet das dynamische Verhalten von Funktionen und Informationen [ERKE88, S. 29].

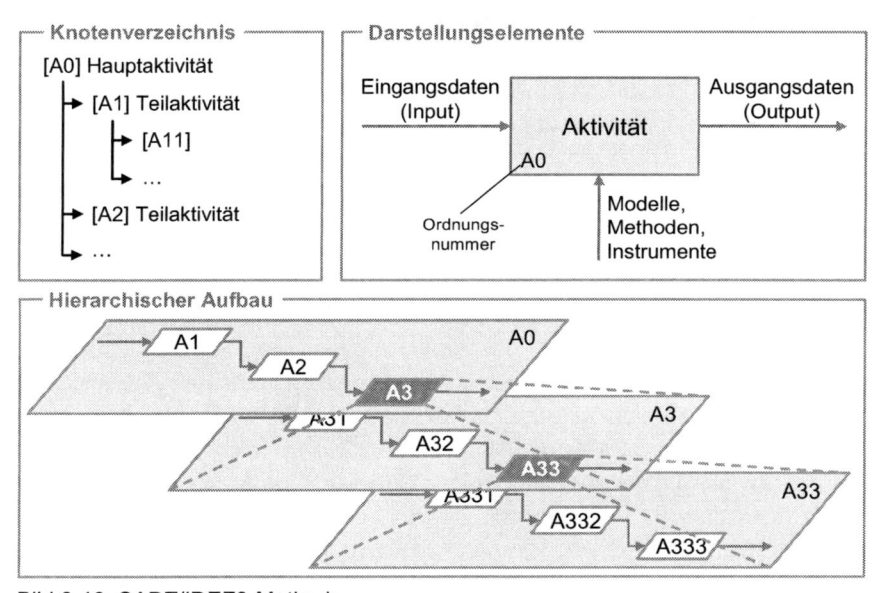

Bild 3-10: SADT/IDEF0-Methode

Ausgehend von den beschriebenen Anforderungen wird die SADT-Methode bzw. IDEF0 zur Modellierung des Implementierungsmodells genutzt. Somit wird eine transparente Darstellung von Funktionen und Informationen sichergestellt. Dies wird durch die Möglichkeit der Hierarchisierung der Funktionen unterstützt.

3.3.3 Zwischenfazit

Aufgrund des in Kapitel 2 festgestellten Handlungsbedarfs wurden zunächst inhaltliche und formale Anforderungen an ein systembildendes Technologie-Controllingkonzept beschrieben. Diese bilden den Ausgangspunkt für das Grobkonzept der Methodik. Die inhaltlichen Anforderungen beziehen sich dabei auf die Aufgaben des Controllings: Informationsbereitstellung, Planung und Kontrolle sowie Koordination. Die formalen Anforderungen bilden den Rahmen zur Sicherstellung einer hohen Modellqualität vor dem Hintergrund einer optimalen Wirksamkeit des zu erstellenden Modells. Insbesondere zur Erfüllung der formalen Anforderungen wurden im Anschluss geeignete Hilfstheorien zur Beherrschung der Komplexität ausgewählt. Da-

Grobkonzept

bei wurden die Grundsätze der Modelltheorie und der Systemtechnik sowie der Regelkreisansatz beschrieben und für die Erstellung des Grobkonzeptes adaptiert.

Das Grobkonzept wurde zunächst in zwei parallel zu erstellende Modelle unterteilt. Zum einen erfolgte die Erarbeitung eines Implementierungsmodells, das zur erstmaligen Erstellung eines unternehmensspezifischen Technologie-Controllingkonzeptes benötigt wird. Zu diesem Zweck wurden alternative Modellierungssprache diskutiert und SADT bzw. IDEF0 als adäquate Methode ausgewählt. Zum anderen wurde das Grobkonzept zum systembildenden Technologie-Controlling aufgebaut; dieses setzt sich aus 6 Bausteinen zusammen: Das Zielmodell beinhaltet die technologischen Handlungsoptionen der Unternehmensführung. Das Aktivitätenmodell gibt eine Zusammenstellung der Aufgaben des Technologiemanagements in einer logischen Zwangsfolge wieder. Im Rahmen des Rollenmodells werden die Funktionsbereiche eines Unternehmens auf einer generischen Ebene dargestellt. Über das Typologiemodell werden die zielabhängigen Aktivitätenschwerpunkte vorgeschlagen und somit die Auswahl unternehmensspezifischer Aktivitäten unterstützt. Den Aufgaben werden über das Messgrößenmodell Kennzahlen zugeordnet. Der Controllingrahmen beinhaltet das Berichtswesen und die Steuerungsfunktion der Methodik. Somit wird ein Instrumentarium zur Umsetzung und Steuerung technologieorientierter Zielvorgaben geschaffen.

Mit dem Grobkonzept wurde ein formaler Rahmen aufgebaut, der eine anwendungsorientierte Interpretation und Vertiefung ermöglicht. Dieser Rahmen wird im folgenden Kapitel inhaltlich ausgestaltet.

4 Detaillierung des Technologie-Controllingkonzepts

In Kapitel 2 wurde im Rahmen einer Diskussion existierender Ansätze der Forschungsbedarf für ein systembildendes Technologie-Controllingkonzept hergeleitet. Auf Basis der gewonnenen Erkenntnisse wurde ein Grobkonzept zum systembildenden Technologie-Controlling entwickelt, das sich aus sechs Bausteinen zusammensetzt: Zielmodell, Aktivitätenmodell, Typologiemodell, Messgrößenmodell, Rollenmodell und Controllingrahmen. Zur besseren Verständlichkeit gibt das dargestellte Implementierungsmodell die Gliederung des vorliegendes Kapitels zur Detaillierung des Konzeptes vor.

Die einzelnen Bausteine des Konzeptes werden im Weiteren inhaltlich ausgestaltet. Dies beinhaltet die Beschreibung durchzuführender Aktivitäten, deren Informationsbeziehungen sowie der verwendeten und neu entwickelten Modelle und Hilfsmittel zur Operationalisierung.

4.1 Zielmodell

Mit Hilfe des Zielmodells ist die grundlegende technologieorientierte Unternehmenszielrichtung aufzunehmen. Diese Zielrichtung stellt eine wesentliche Eingangsgröße für die inhaltliche Ausgestaltung eines unternehmensspezifischen Technologie-Controllingkonzeptes dar und ist aus den übergeordneten Unternehmenszielen bzw. -strategien abzuleiten.

Die Sicherung des Unternehmensüberlebens und eine nachhaltige Gewinnerzielung stellen die langfristigen obersten Unternehmensziele dar (siehe Bild 4-1). Nur so kann sichergestellt werden, dass die Kapitalgeber Interesse an der Fortführung eines Unternehmens haben [STRE03, S. 137]. Daraus resultieren die Existenzbedingungen der Unternehmen. Dazu zählen in erster Linie die Liquidität, die Rentabilität und das Wachstum [SCHI03, S. 60]. Vor diesem Hintergrund sind Ziele im Sinne von Steuergrößen für die Aktivitäten eines Unternehmens abzuleiten und innerhalb eines ganzheitlichen Systems zu vernetzen. Dabei stehen ökonomische Ziele im Vordergrund. Soziale und ökologische Ziele stellen lediglich Randbedingungen für das wirtschaftliche Handeln dar. Ökonomische Ziele werden in Leistungsziele (z.B. Marktanteile, Kapazitäten, Produktionsstandorte, Absatzwege), Erfolgsziele (z.B. Umsatz, Gewinn, Rentabilität, Wertschöpfung) und Finanzziele (z.B. Zahlungsfähigkeit, Umfang und Struktur der Liquiditätsreserve, Finanzstruktur) unterschieden [SCHI03, S. 62 f.].

Detaillierung des Technologie-Controllingkonzeptes

Langfristige Unternehmensziele:
Sicherung des Unternehmensüberlebens und nachhaltige Gewinnerzielung

Existenzbedingungen
- Liquidität
  - Fähigkeit fällige Zahlungsverpflichtungen erfüllen zu können
- Rentabilität
  - Fähigkeit Aufwendungen bzw. Kosten des Wirtschaftsprozesses durch Erträge zumindest decken zu können
- Wachstum
  - Teilnahme an einer prinzipiell wachsenden Gesamtwirtschaft durch Mitwachsen des Unternehmens (z.B. bezogen auf Gewinn, Umsatz, Beschäftigte)

nach [SCHI03, S. 60]

Unternehmensziele
- Ökonomische Ziele
  - Erfolgsziel
  - Finanzziele
  - Leistungsziele
- Soziale Ziele
- Ökologische Ziele

nach [SCHI03, S. 61 f.]

Wettbewerbsstrategien
- Differenzierung
  - Erzielung qualitativer Produkt- und Leistungsvorteile gegenüber Konkurrenten
- Konzentration
  - Selektion von Marktsegmenten und Spezialisierung auf diese Segmente
- Kostenführerschaft
  - Erzielung eines Kostenvorsprungs gegenüber vergleichbaren konkurrierenden Produkten

nach [PORT99a, S. 71 ff.]

Technologiestrategien
- Pionierstrategie
  - Strategie der Technologieführerschaft, um stets als erster technische Innovationen am Markt zu platzieren
- Imitationsstrategie
  - Strategie des Technologiefolgers, um zunächst aus den Erfahrungen des Pioniers zu lernen
- Nischenstrategie
  - Besetzen wettbewerbsarmer, aber lukrativer Marktsegmente
- Kooperationsstrategie
  - Strategien auf der Grundlage einer Lizenzpolitik

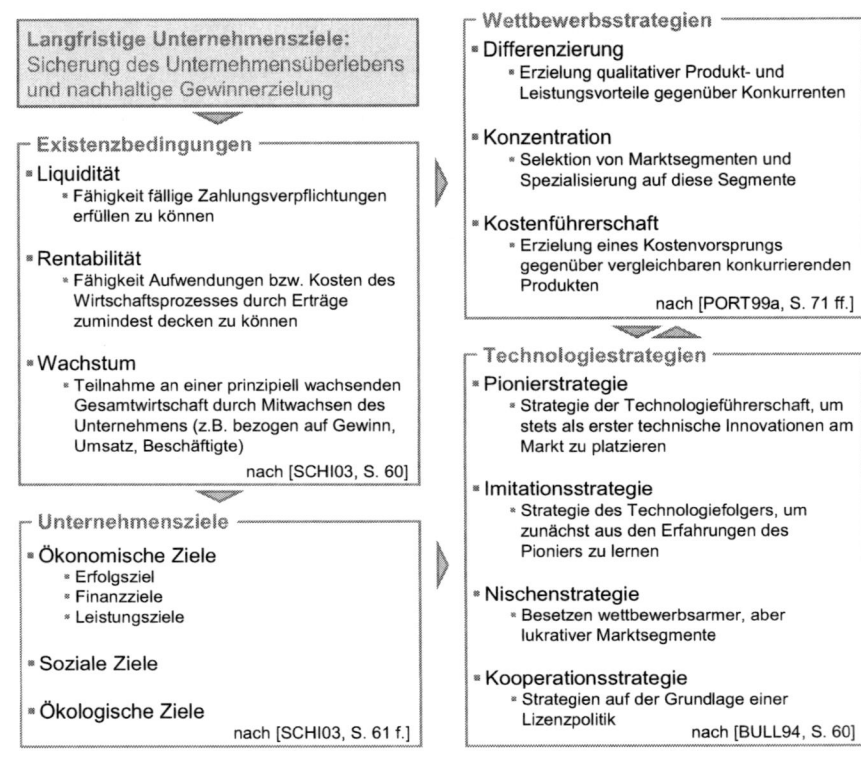

nach [BULL94, S. 60]

Bild 4-1: Unternehmensziele und -strategien

Der nachhaltige Erfolg einer Unternehmung wird neben der Festlegung eines Zielsystems durch deren Einbettung in eine Unternehmensstrategie unterstützt. Unternehmensstrategien beschreiben detailliert die allgemeine Richtung, in die sich ein Unternehmen entwickeln soll. Sie geben an, wie das im Unternehmen vorhandene Potenzial effektiv und effizient ausgeschöpft werden kann, und richten sich auf die Umwelt und den Wettbewerb [BULL94, S. 131 f.]. In Abhängigkeit von der Branchenstruktur, der Positionierung eines Unternehmens im Wettbewerb, der Unternehmensentwicklung etc. können nach PORTER drei Grundtypen von Wettbewerbsstrategien verfolgt werden: Mit der Strategie der Kostenführerschaft wird das Ziel verfolgt, kostengünstigster Hersteller innerhalb einer Branche zu werden bzw. zu bleiben. Die Strategie der Differenzierung (auch Qualitätsführerschaft genannt) zielt auf die Umsetzung überlegener Leistungsmerkmale, während die Strategie der Konzentration (auch Spezialisierung oder Fokussierung genannt) Schwerpunkte innerhalb eines begrenzten Marktsegments setzt [PORT99a, S. 70 ff.][2]. Innerhalb des begrenzten Marktsegmentes wird dann wiederum in eine Ausrichtung auf einen niedrigen Preis oder auf hohe Qualität vorgenommen. Die Strategie der Konzentration ist eine Frage der strategischen Ausrichtung eines gesamten Unternehmens und keine innovations- bzw. technologiestrategische Entscheidung [STRE03, S. 142], so dass innerhalb des Zielmodells die Strategie der Konzentration nicht weiter berücksichtigt wird. Zur Aufnahme einer unternehmensspezifischen Zielrichtung werden daher die Wettbewerbsstrategien der Kostenführerschaft und der Qualitätsführerschaft als eine Betrachtungsdimension herangezogen. Diese Wettbewerbsstrategien stellen dabei keine Dichotomien dar. Vielmehr besteht für Unternehmen die Möglichkeit sowohl die Strategie der Kostenführerschaft als auch der Qualitätsführerschaft kombiniert zu verfolgen.

Ein Erfolgsrezept im Wettbewerb stellt der Einsatz von Technologien dar. Dies erfordert den Aufbau von Technologiestrategien, die mit den Wettbewerbsstrategien des Unternehmens verknüpft werden müssen [BULL94, S. 106; FRAU00, S. 16]. Nach BULLINGER werden vier Technologiestrategien samt Varianten unterschieden. Hier seien zunächst die Pionier- und die Imitationsstrategie als Grundtypen genannt. Mit Hilfe einer Pionierstrategie wird eine Technologieführerschaft, d.h. als erster technologische Innovationen am Markt durchzusetzen, angestrebt. Die Imitationsstrategie richtet sich auf die Nachahmung, um als Technologiefolger von den Erfahrungen des Pioniers zu profitieren. Beide Strategien schließen sich gegenseitig aus [BULL94, S. 136 ff.]. Die Nischen- und Kooperationsstrategie stellen Varianten der beiden Grundtypen dar. Die beiden Grundtypen von Technologiestrategien werden unter der Bezeichnung Technologieführer und Technologiefolger als eine weitere Dimension zur Beschreibung der Unternehmenszielrichtungen innerhalb des Zielmodells herangezogen.

Technologiestrategien können sich auf eine gesamte Unternehmung oder nur auf einzelne Geschäftseinheiten beziehen. Insbesondere bei diversifizierten Unternehmen und aufgrund der notwendigen Vernetzung mit Wettbewerbsstrategien sind Technologiestrategien jedoch überwiegend auf der Ebene strategischer Geschäftsfelder anzusiedeln [DOWL02, S. 377 f.]. Strategische Geschäftsfelder (SGF) bezeichnen dabei die Zusammenfassung mehrer ähnlicher Produkt-/Markt-Kombinationen [WOLF91, S. 23].

---

[2] Des Weiteren existieren Mischformen, wie beispielsweise das Outpacing (vgl. [MART95]).

Des Weiteren wird eine Wettbewerbsstrategie durch die Technologieausrichtung beeinflusst. Dabei sind eine Fokussierung auf Produkttechnologien nicht ausschließlich auf eine Leistungsdifferenzierung und eine Fokussierung auf Produktionstechnologien nicht nur auf Kostenminimierung zu beziehen (vgl. Kapitel 4.3). Vielmehr können z.B. Produktionstechnologien den Schlüssel zum Produkterfolg darstellen und neue Produkttechnologien erhebliche Produktionskostensenkungen ermöglichen [FRAU00, S. 16 f.]. Für das Zielmodell ist somit eine Unterscheidung in eine Fokussierung auf Produkt- oder Produktionstechnologien zu berücksichtigen.

Ausgehend von den vorangegangenen Ausführungen kann das Zielmodell für den Aufbau eines systembildenden Technologie-Controllingkonzeptes zusammengestellt werden (siehe Bild 4-2). Dabei sind drei Betrachtungsdimensionen zu unterscheiden, die die generelle technologieorientierte Unternehmenszielrichtung innerhalb des relevanten Betrachtungsbereichs beeinflussen. Die Zielrichtung ist demnach eine Kombination aus Wettbewerbs- und Technologiestrategie sowie der Technologieausrichtung. Im Hinblick auf die betrachteten Strategien ist eine Festlegung für den Aufbau eines angepassten Technologie-Controllingkonzeptes notwendig. Somit kann innerhalb des Typologiemodells (siehe Kapitel 4.3) eine Zuordnung von Aktivitätenschwerpunkten zur generellen technologieorientierten Unternehmenszielrichtung vorgenommen werden. Die beiden Möglichkeiten zur Technologieausrichtung schließen sich gegenseitig nicht aus, so dass eine Fokussierung auf Produkt- und Produktionstechnologie gleichzeitig erfolgen kann.

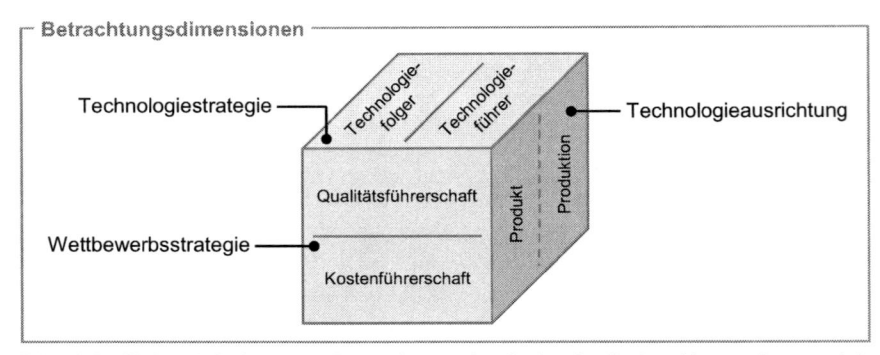

Bild 4-2: Zielmodell der grundlegenden technologieorientierten Unternehmenszielrichtung

Detaillierung des Technologie-Controllingkonzeptes

Ohne auf mögliche grundlegende Vorgehensweisen und Bedingungen für die Aufstellung von Wettbewerbs- und Technologiestrategien einzugehen[3], wird im Rahmen der vorliegenden Arbeit vorausgesetzt, dass entsprechende Wettbewerbs- und Technologiestrategien vorliegen und der relevante Betrachtungsbereich (Unternehmen, strategisches Geschäftsfeld etc.) festgelegt wurde[4]. Bild 4-3 zeigt die entsprechende Einordnungsmatrix zur Dokumentation der unternehmensspezifischen Zielausrichtung.

Einordnungsmatrix

		Wettbewerbsstrategie		
		Kostenführerschaft	Qualitätsführerschaft	
Technologie- strategie	Technologieführer	☐ Produkt ☐ Produktion	☐ Produkt ☐ Produktion	Technologie- ausrichtung
	Technologiefolger	☐ Produkt ☐ Produktion	☐ Produkt ☐ Produktion	

Bild 4-3: Einordnungsmatrix zur Einordnung der generellen technologieorientierten Unternehmenszielrichtung

4.2 Aktivitätenmodell

Im Rahmen der vorliegenden Arbeit wurde das zu entwickelnde Technologie-Controlling entsprechend der Controllingdefinition nach HORVÁTH als systembildendes Subsystem der Führung ausgelegt. Systembildend heißt in diesem Zusammenhang, dass das Technologie-Controlling den Aufbau eines funktionsfähigen Technologiemanagements unterstützen soll. Dazu stellt das Aktivitätenmodell die fundierte Ausgangsbasis dar.

Innerhalb des Aktivitätenmodells erfolgt zunächst die Strukturierung technologieorientierter Aufgaben des Managements. Zu diesem Zweck werden aufbauend auf einer Analyse repräsentativer Strukturierungsvorschläge für die Aufgaben des Technologiemanagements unterschiedlicher Autoren die Module des Aktivitätenmodells abgeleitet. Ziel ist es, aus den verschiedenen Ansätzen die wesentlichen Aufgabenbereiche des Technologiemanagements für die vorliegende Aufgabenstellung herauszuarbeiten. Die zu entwickelnden Module, die die Aufgaben des Technologiemanagements in handhabbare Einheiten unterteilen, werden in den anschließenden

---

[3] Grundlegende Aspekte der Strategieermittlung finden sich in [BULL94; EWAL89; PORT99a; PRAH91; PÜMP91; PÜMP92; SERV85].

[4] Zur Eingrenzung des Betrachtungsbereichs wird auf die Arbeiten von Pelzer [PELZ99, S. 47 ff.] und Schmitz [SCHM96, S. 53 ff.] verwiesen.

Detaillierung des Technologie-Controllingkonzeptes

Abschnitten ausdetailliert. D.h. den einzelnen Modulen werden konkrete Aktivitäten zugeordnet. Die Struktur innerhalb der Module lehnt sich an die Arbeitsplanmethodik aus dem Bereich der Arbeitsvorbereitung produzierender Unternehmen an.

In Bild 4-4 sind repräsentativen Strukturierungsvorschläge der Aufgaben des Technologiemanagements dargestellt. Obwohl die einzelnen Autoren unterschiedliche Schwerpunkte innerhalb des Technologiemanagements, wie z.B. die Technologieentwicklung oder den Technologietransfer, setzen und darüber hinaus auf unterschiedlichen Aggregationsebenen agieren, zeigen sich im Hinblick auf die vorliegende Aufgabenstellung Gemeinsamkeiten, die eine Ableitung der Module des Aktivitätenmodells ermöglichen.

Bullinger: Bewertung, Optimierung, Planung, Einsatz, Gestaltung
... von technischen Produkten und Prozessen [BULL96, S. 4-26]

Strebel: Bereitstellung, Generierung, Durchsetzung, Speicherung, Verwertung
... von Technologien [STRE03, S. 23]

Brockhoff: Speicherung, Beschaffung, Verwertung
... von Technologien [BROC97, S. 112]

Fischer: Organisation, Planung, Realisierung, Kontrolle
... des Wissens über Technologien [FISC02, S. 357]

Tschirky: Gestaltung, Entwicklung, Lenkung
... des Technologie- und Innovationspotenzials [TSCH98, S. 270]

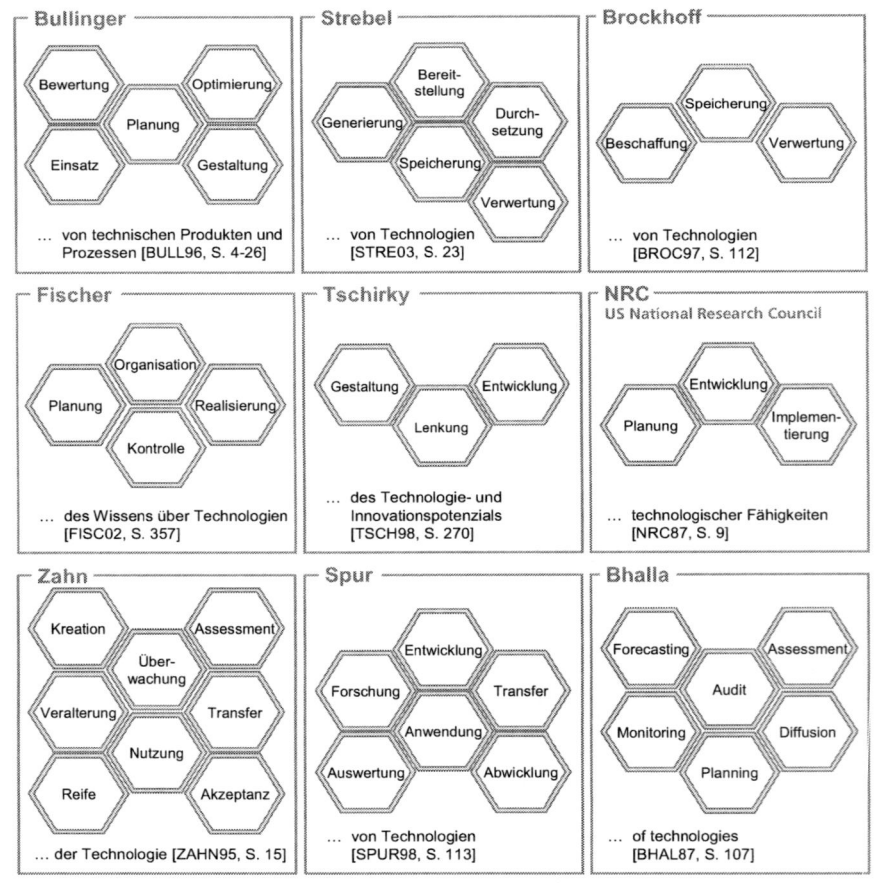

NRC – US National Research Council: Entwicklung, Planung, Implementierung
... technologischer Fähigkeiten [NRC87, S. 9]

Zahn: Kreation, Assessment, Überwachung, Veralterung, Transfer, Nutzung, Reife, Akzeptanz
... der Technologie [ZAHN95, S. 15]

Spur: Entwicklung, Forschung, Transfer, Anwendung, Auswertung, Abwicklung
... von Technologien [SPUR98, S. 113]

Bhalla: Forecasting, Assessment, Audit, Monitoring, Diffusion, Planning
... of technologies [BHAL87, S. 107]

Bild 4-4: Aufgabenfelder des Technologiemanagements unterschiedlicher Autoren

So orientieren sich die repräsentativen Strukturierungsvorschläge aufgrund der zumeist strategisch ausgerichteten Sichtweise auf das Technologiemanagement überwiegend an einem Geschäftsprozess zur strategischen Ausgestaltung des Technologiemanagements entlang des Lebenszyklusses von Technologien. Allen ausgewählten Ansätzen ist dabei gemeinsam, dass der Einsatz von Technologien eine frühzeitige Auseinandersetzung mit deren Randbedingungen, Möglichkeiten und Grenzen erfordert. Diese Auseinandersetzung ist dabei ganzheitlich auszurichten. Dies beinhaltet eine Betrachtung der komplexen Zusammenhänge zwischen technischen, ökonomischen, ökologischen und sozialen Aspekten von Technologien.

Die Berücksichtigung von Randbedingungen, Möglichkeiten und Grenzen bedarf zunächst einer Analyse sowohl des technologischen Umfeldes als auch der technologischen Fähigkeiten des betrachteten Unternehmens. Einigkeit herrscht auch bzgl. der Planung als ein zentrales Element des Technologiemanagements. Ausgehend von der Technologiestrategie eines Unternehmens zielt die Planung auf die Festlegung zielführender Maßnahmen im Hinblick auf erwartete Ergebnisse und Termine ab. Des Weiteren umfasst der Wirkungsbereich des Technologiemanagements die Generierung neuer Lösungen. In der Literatur werden diese Aufgaben unter den Begriffen Realisierung, Entwicklung, Kreation und Ähnlichem zusammengefasst. Die überwiegende Anzahl von Autoren sieht als weiteres Element die Übertragung technologischer Erkenntnisse und Fähigkeiten in Produkte und Prozesse. Als Folge der zumeist strategisch ausgerichteten Veröffentlichungen zum Technologiemanagement einzelner Autoren wird der Betrieb der Technologien bzw. die Herstellung der Technologien oftmals nicht als Betrachtungsfeld berücksichtigt. BULLINGER und ZAHN sehen die Nutzung bzw. den Einsatz von Technologien durchaus als zu beachtenden Teilbereich des Technologiemanagements, so dass dieser im Rahmen der vorliegenden Arbeit zu berücksichtigen ist.

Im Hinblick auf ein Controlling der Aufgaben des Technologiemanagements werden demnach 6 Module zum Aktivitätenmodell zusammengefasst (siehe Bild 4-5). Das Modul „Früherkennung" beinhaltet die Aktivitäten zur Ermittlung technologischer Umfeldveränderungen. Die Aktivitäten zur Bestimmung der technologischen Fähigkeiten des Unternehmens werden im Modul „Interne Analyse" zusammengefasst. Die beiden Module bilden die inhaltliche Ausgangsbasis für das Modul „Planung"; dieses fokussiert auf die Aktivitäten zur zielgerichteten Auswahl und Synchronisierung technologieorientierter Maßnahmen. Diese ersten drei Module zielen somit auf die Effektivität des Technologiemanagements, d.h. „die richtigen Dinge zu tun", ab.

Detaillierung des Technologie-Controllingkonzeptes

Module des Aktivitätenmodells

- Aktivitäten zur Bestimmung der technologischen Fähigkeiten des Unternehmens → Interne Analyse
- Aktivitäten zur Ermittlung technologischer Umfeldveränderungen → Früherkennung
- Aktivitäten zur zielgerichteten Auswahl und Synchronisierung technologieorientierter Maßnahmen → Planung
- Aktivitäten zum Auf- und Ausbau technologischer Fähigkeiten → Realisierung
- Aktivitäten zur kontinuierlichen Herstellung bzw. Betrieb von Technologien → Einsatz
- Aktivitäten zur Überführung technologischer Fähigkeiten in Produkte und Prozesse → Transfer

Controlling — Effektivität / Effizienz

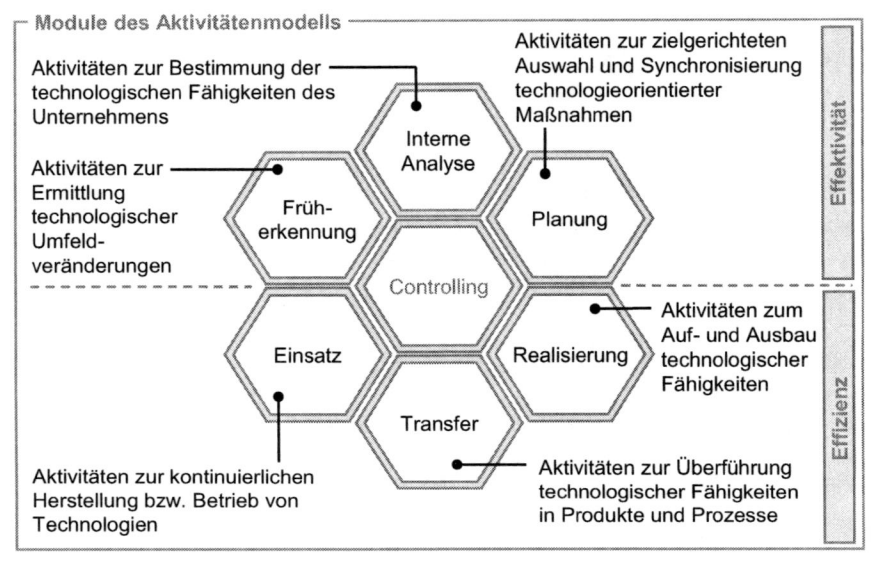

Bild 4-5: Module des Aktivitätenmodells

Die folgenden drei Module richten sich auf die Effizienz des Technologiemanagements, d.h. „die Dinge richtig zu tun". Im Modul „Realisierung" sind die Aktivitäten zum Auf- und Ausbau technologischer Fähigkeiten angesiedelt. Die Aktivitäten zur Überführung technologischer Fähigkeiten in Produkte und Prozesse finden sich im Modul „Transfer". Das Modul „Einsatz" beinhaltet die Aktivitäten zur kontinuierlichen Herstellung bzw. zum Betrieb von Technologien. Diese 6 Module bilden somit das strukturelle Fundament des systembildenden Technologie-Controllingkonzepts.

In den folgenden Abschnitten erfolgt die Detaillierung der einzelnen Module des Aktivitätenmodells. Dabei wird in Analogie zur Methodik des Arbeitsplans ein universeller Arbeitsplan für das Technologiemanagement aufgebaut. Ein Arbeitsplan im ursprünglichen Sinne enthält die logische und wirtschaftliche Reihenfolge und Beschreibung der Bearbeitungsoperationen, um ein Werkstück von einem Ausgangszustand in einen vorgesehenen Endzustand zu überführen. Dabei sind die Bestimmung der kostenoptimalen Form und Abmessungen des Ausgangsteils, die Festlegung der wirtschaftlichen Arbeitsvorgangsfolge, die Zuordnung der notwendigen Fertigungsmittel sowie die Bestimmung der Ausführzeiten je Arbeitsvorgang durchzuführen [EVER02a, S. 7 ff.]. Die Inhalte eines Arbeitsplans werden in drei Datengruppen gegliedert. Dies beinhaltet allgemeine Angaben zur eindeutigen Kennzeichnung des Arbeitsplanes, sachabhängige Angaben zur eindeutigen Kennzeichnung des Ausgangs- und des Endzustandes eines Bauteils sowie arbeitsvorgangsabhän-

Detaillierung des Technologie-Controllingkonzeptes

gige Angaben zur detaillierten Kennzeichnung der einzelnen Arbeitsschritte durch verbale Beschreibungen, Angabe von Maschinen, Vorgabezeiten etc. [EVER02a, S. 24].

Aufbauend auf dieser Strukturierung wird der Arbeitsplan des Technologiemanagements aufgebaut (siehe Bild 4-6). In den Kopfdaten erfolgt die Zuordnung zum jeweiligen Modul des Aktivitätenmodells sowie die Benennung des betrachteten Unternehmens und des relevanten strategischen Geschäftsfeldes. Die arbeitsvorgangsabhängigen Daten setzen sich zusammen aus einer Aktivitätennummer, nach der die technologieorientierten Aktivitäten chronologisch strukturiert werden. Es handelt sich dabei um eine fünfstellige Codierung, die eine Unterteilung der Aktivitäten in Haupt- und Subaktivitäten ermöglicht. Die ersten beiden Stellen bezeichnen die jeweilige Hauptaktivität und die letzten beiden Stellen die dazugehörigen Subaktivitäten. Innerhalb der Aktivitätenbezeichnung erfolgt die verbale Formulierung der durchzuführenden Arbeitsschritte. Zur Vorgabe des Zeitbedarfs eines Arbeitsschrittes ist das Feld Planzeit vorgesehen. Des Weiteren ist eine Einordnung in kontinuierliche, zyklische oder bedarfsbezogene Aktivitäten vorzunehmen. Jeder Aktivität wird darüber hinaus noch eine verantwortliche Rolle zugeordnet.

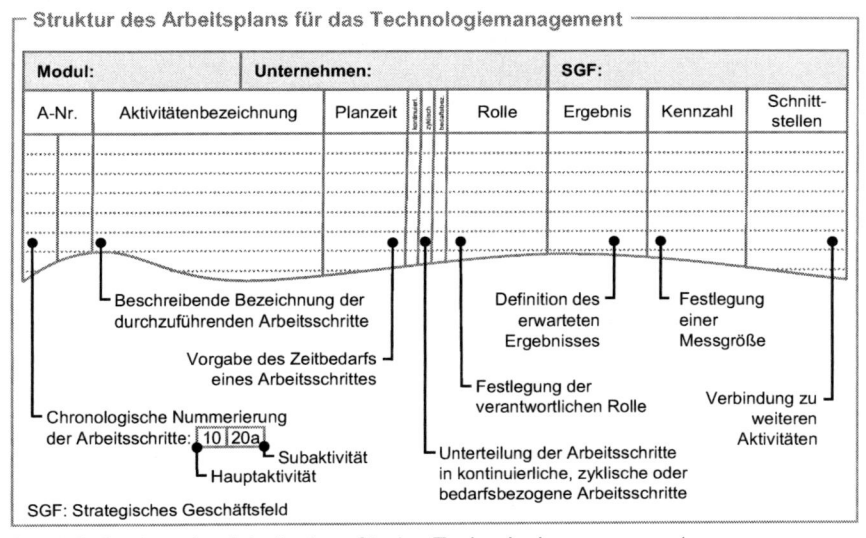

Bild 4-6: Struktur des Arbeitsplans für das Technologiemanagement

Darüber hinaus ist das erwartete Ergebnis sowie eine Kennzahl zur Erfolgsmessung qualitativ zu benennen. Abschließend sind Beziehungen zu anderen Aktivitäten in

Detaillierung des Technologie-Controllingkonzeptes

anderen Teilmodulen unter der Rubrik Schnittstellen aufzunehmen. Diese Rubrik ist notwendig, da die Verbindung der einzelnen Aktivitäten und somit der Module untereinander die Komplexität des Technologiemanagements wiedergeben und somit erfasst werden müssen.

Der Arbeitsplan des Technologiemanagements wird im Verlauf dieser Arbeit sukzessive mit Inhalten gefüllt. Einzelne Aspekte sind dabei universell, d.h. unabhängig vom betrachteten Unternehmen, und andere nur unternehmensspezifisch zu detaillieren. Die universellen Aspekte werden innerhalb der Teilmodelle des Technologie-Controllingkonzeptes erarbeitet. Innerhalb des Aktivitätenmodells wird daher auf die Aktivitätenbezeichnung sowie die Unterteilung in kontinuierliche, zyklische oder bedarfsbezogene Aktivitäten und Schnittstellen fokussiert. Die verantwortliche Rolle stellt ein Ergebnis des Rollenmodells dar. Die Inhalte bezüglich Planzeit, Ergebnisse und der Kennzahlen sind unternehmensspezifisch auszugestalten. Für die Ermittlung von Kennzahlen wird an dieser Stelle auf das Messgrößenmodell verwiesen (siehe Kapitel 4.4).

4.2.1 Technologiefrüherkennung

Aufgabe der Technologiefrüherkennung ist die Beschaffung und Auswertung von Informationen über zukünftige Technologien. Dies bedarf eines systematischen und gezielten Umgangs mit Informationen [BOUT98, S. 87]. Dabei sind die Chancen und Risiken, die sich für das Unternehmen ergeben, mit ausreichendem zeitlichen Vorlauf zu identifizieren. Zielsetzung muss es sein, ein Unternehmen vor Überraschungen zu schützen, die sich im Zusammenhang mit Technologien ergeben können. Dabei sind nicht nur technologische Veränderungen, sondern auch gesellschaftliche, politische und rechtliche Veränderungen zu identifizieren, die Einfluss auf einzelne Technologiefelder ausüben. Ein Beispiel für eine derartige Veränderung ist der politisch gewollte Ausstieg aus der Atomtechnik, der eine Folge veränderter gesellschaftlicher Wertvorstellungen darstellt. Energieversorgungsunternehmen bleibt somit eine technologische Alternative verschlossen, was wiederum eine Anpassung der Technologiestrategie und der eigenen technologischen Kompetenz nach sich zieht.

Die Technologiefrüherkennung ist dadurch gekennzeichnet, dass eine große Menge an relevanten Informationen einer begrenzten Ressourcenverfügbarkeit gegenübersteht. Somit bedarf es einer strukturierten Vorgehensweise, um zufällige Ergebnisse weitestgehend durch konkrete Planungsergebnisse zu ersetzen. Sicherlich wird es nicht möglich sein, gänzlich vor Überraschungen geschützt zu sein, da zukunftsgerichtete Aussagen immer den Aspekt der Unsicherheit beinhalten. Mit Hilfe des Arbeitsplanes für die Technologiefrüherkennung wird diese strukturierte Vorgehensweise geschaffen. Die konkreten Aktivitäten sind dabei in Bild 4-7 dargestellt und selbsterklärend, so dass auf eine detaillierte Beschreibung innerhalb dieses Abschnitts verzichtet werden kann. Vielmehr erfolgt hier die Herleitung der inhaltlichen Struktur des Moduls Technologiefrüherkennung. Innerhalb der anderen Module wird auf die gleiche Art und Weise vorgegangen.

Die Aktivitäten der Technologiefrüherkennung lassen sich in die Phasen

- Identifikation eines Signals (Suchphase),
- Analyse des Signals (Analysephase) und
- Bewertung des Signals (Evaluationsphase)

einordnen. Als Signale werden dabei erste Anzeichen für eine Umfeldveränderung bezeichnet.

Aufgrund der unüberschaubar großen Menge an Informationen ist eine hundertprozentige Abdeckung des Unternehmensumfeldes innerhalb der Suchphase wirtschaftlich nicht möglich. Vor diesem Hintergrund bedarf es einer Eingrenzung des unternehmensspezifischen Betrachtungsbereichs. Ausgangspunkt zur Eingrenzung stellen dabei die zukünftigen Herausforderungen des Unternehmens und deren technologierelevanten Konsequenzen dar, die im Rahmen einer Befragung interner Experten ermittelt werden können. Auf der Basis einer Systematisierung und Segmentierung des technologischen Umfelds und einer anschließenden Priorisierung lassen sich Suchfelder für die Technologiefrüherkennung definieren. Suchfelder stellen vorzugebende Aktionsbereiche dar, innerhalb derer nach neuen Technologien oder Umfeldveränderungen gesucht wird. Diese Suchfelder dienen somit der Sensibilisierung der Mitarbeiter für bestimmte Betrachtungsbereiche. Dabei wird unterschieden in Inside-out- und Outside-in-Suchfelder. Inside-out-Suchfelder haben ihren Ausgangspunkt in den zur Zeit eingesetzten Technologien des Unternehmens. Outside-in-Suchfelder fokussieren auf Technologiefelder außerhalb des eigenen Einsatzbereiches. Technologien des direkten Konkurrenten sind mit einzubeziehen. Beide Suchfeldtypen eignen sich insbesondere zur gerichteten Suche mit Hilfe von Frühwarnindikatoren, auch Monitoring genannt. Mit Hilfe von aussagekräftigen Indikatoren, wie beispielsweise die Anzahl neuer Veröffentlichungen, Patenthäufungen, Veränderungen des FuE-Ressourceneinsatz einer Branche oder Änderungen der benötigten Mitarbeiterqualifikationen, werden Veränderungen von potenziell relevanten Technologien fortlaufend beobachtet und ggf. detaillierte Analysen angeregt.

Detaillierung des Technologie-Controllingkonzeptes

A-Nr.		Aktivitätenbezeichnung	kontinuierlich	zyklisch	bedarfsbezogen
01	00	**Identifikation eines Signals**	x		
01	10	Eingrenzung des Untersuchungsbereichs		x	
01	11	• Ermittlung zukünftiger Herausforderungen			x
01	12	• Bestimmung der technologischen Implikationen		x	
01	13	• Systematisierung des technologischen Umfeldes			x
01	14	• Bildung von Technologiesegmenten			x
01	15	• Definition von Outside-in-Segmenten			x
01	16	• Definition von Inside-out-Segmenten			x
01	17	• Priorisierung der Segmente		x	
01	18	• Auswahl der Suchfelder		x	
01	20	Monitoring (gerichtete Suche)	x		
01	21	• Ermittlung von relevanten Frühwarnindikatoren		x	
01	22	• Festlegung von Grenzwerten		x	
01	23	• Beobachtung der Frühwarnindikatoren	x		
01	23a	— Patenthäufungen	x		
01	23b	— Anzahl wissenschaftlicher Veröffentlichungen	x		
01	23c	— FuE-Ressourceneinsatz von Technologiekonzernen	x		
01	23d	— Veränderung der Mitarbeiterqualifikationen	x		
01	24	• Dokumentation bei Überschreitungen			x
01	30	Scanning (ungerichtete Suche)	x		
01	31	• Bildung eines Informationsnetzwerkes	x		
01	31a	— Kommunikation mit Kunden (Lead-User)	x		
01	31b	— Kommunikation mit Lieferanten (Lead-Supplier)	x		
01	31c	— Kommunikation mit Know-how-Trägern	x		
01	32	• Besuche von Messen	x		
01	33	• Teilnahme an Konferenzen	x		
01	34	• Analyse von Forschungsprogrammen	x		
01	35	• Dokumentation der Erkenntnisse			x
02	00	**Analyse eines Signals**			x
02	10	Aufbau einer Informationsbasis			x
02	11	• Ermittlung von Informationslieferanten			x
02	12	• Bewertung der Informationslieferanten			x
02	13	• Befragung der Informationslieferanten			x
02	14	• Literaturrecherche (Bibliometrie)			x
02	15	• Datenbankrecherchen (Patente, Internet, etc.)			x
02	20	Ermittlung der Ursachen für Umfeldveränderungen			x
02	30	Prognose der zukünftigen Entwicklung			x
02	40	Aufbau von Entwicklungsszenarien			x
02	50	Dokumentation der Analyseergebnisse			x
03	00	**Bewertung eines Signals**			x
03	10	Ermittlung von Bewertungskriterien			x
03	20	Gewichtung der Bewertungskriterien			x
03	30	Beurteilung eines Signals je Kriterium			x
03	40	Zusammenführen der Einzelbewertungen			x
03	50	Dokumentation der Einzelbewertungen für die Technologieplanung			x

Bild 4-7: Aktivitäten des Moduls „Technologiefrüherkennung" (siehe Anhang)

Diese Vorgehensweise ist bei einer ungerichteten Suche (Scanning) nicht zielführend, da eine Strukturierung des Unerwarteten nicht möglich ist. Ziel des Scannings ist vielmehr die Öffnung eines neuen Betrachtungsfokusses. Neben der systematischen Verfolgung von Publikationen der relevanten Technologiebereiche als selbstverständliche Basis ist für das Scanning die Netzwerkbildung von essentieller Bedeutung. Dies beinhaltet z.B. die enge Kommunikation mit Kunden (Lead-User) und Lieferanten (Lead-Supplier) und allen anderen Partnern innerhalb der Wertschöpfungskette. Darüber hinaus sind enge Kontakte zu Hochschulen, Forschungseinrichtungen und sonstigen Know-how-Trägern aufzubauen. Besuche von Messen und Konferenzen unterstützen neben der Analyse von Forschungsprogrammen führender Industrienationen ebenfalls die ungerichtete Suche nach relevanten Umfeldveränderungen.

Zur Analyse eines Signals bedarf es einer ausführlichen Informationsbasis, die es über detaillierte Recherchen und Befragungen aufzubauen gilt. Dies gilt insbesondere für schwache Signale, die sich aus diffusen Sachverhalten ableiten und nur qualitative Aussagen ermöglichen. Ein Beispiel für ein schwaches Signal stellt eine Häufung von Patentanmeldungen innerhalb eines Technologiefeldes dar. Starke Signale hingegen stützen sich auf gesicherte Daten und sind demnach wesentlich belastbarer. Die Vorstellung eines Prototypen kann als starkes Signal bezeichnet werden [BULL96, S. 4-39]. Ziel der Analysephase ist es demnach, den Informationsgehalt der Signale zu erhöhen und die Interpretationsspielräume so gering wie möglich zu halten. Die Informationsbasis kann über die im vorangegangenen Abschnitt beschriebenen Quellen, wie zum Beispiel Hochschulen, Technologieanbieter oder sonstige Experten, erhöht werden. Dabei ist darauf zu achten, dass die verwendeten Quellen ausreichend belastbar sind. Innerhalb der Analysephase ist es notwendig, die Ursachen für technologische Veränderungen zu verstehen, um darauf aufbauend eine Prognose der technologischen Entwicklung erstellen zu können. Prognosen richten sich bekanntermaßen auf die Zukunft und sind demnach von Unsicherheiten geprägt. Zur Erstellung von Prognosen haben sich Szenarioanalysen mit Experten etabliert. Ausgehend von einer Analyse der Gegenwart werden verschiedene Entwicklungsszenarien aufgestellt und deren Eintrittswahrscheinlichkeit bewertet. Den Abschluss der Analysephase bildet die präzise und nachvollziehbare Dokumentation aller relevanten Informationen. Zu diesem Zweck ist auf Wissensmanagementsysteme zurückzugreifen.

Bei der Bewertung der identifizierten Umfeldveränderungen und der daraus abgeleiteten Entwicklungsprognosen sind deren Einflüsse auf das betrachtete Unternehmen zu untersuchen. Hier ist zu prüfen, ob sich Chancen oder Risiken für das Unternehmen ergeben. Die Beurteilung der neuen Technologien bzw. technologierelevanten Umfeldveränderungen baut auf festzulegenden Bewertungskriterien, wie z.B. Substitutionsgefahr oder Synergiepotenzial, auf. Im Rahmen einer internen Expertenrunde

Detaillierung des Technologie-Controllingkonzeptes

werden die Signale entsprechend den zuvor festgelegten Kriterien bewertet. Zur Unterstützung kann die Nutzwertanalyse, wie sie im Anhang beschrieben ist, genutzt werden.

Ergebnis einer kontinuierlichen Technologiefrüherkennung ist die Bereitstellung gefilterter und bewerteter Informationen über technologierelevante Umfeldveränderungen als Ausgangsbasis für die Aktivitäten der Technologieplanung. Im Hinblick auf konkrete Technologien beinhaltet dies z.B. eine Beschreibung der Funktionsweise einer neuen Technologie, deren Wirtschaftlichkeit, potenzielle Einsatzfelder sowie eine Gesamtbewertung entsprechend der abgestimmten Bewertungskriterien. Die identifizierten technologierelevanten Umweltveränderungen, wie z.B. das Verbot eines bestimmten Materials oder einer bestimmten Technologie, stellen Randbedingungen für die Technologieplanung dar. Innerhalb der Technologieplanung erfolgt auf der Basis der Informationen die technologische Ausrichtung des Unternehmens zur Nutzung der identifizierten Chancen und zur Abwehr der identifizierten Risiken.

4.2.2 Interne Analyse

Die Technologieposition eines Unternehmens wird durch interne Ressourcen, wie Mitarbeiter und deren Wissen, sowie die vorhandene technische Ausstattung, durch den Zugang zu externen Technologiequellen und die gegenwärtige Position bei wettbewerbsrelevanten Technologien bestimmt [SPET02, S. 89]. Die interne Analyse wird oft als Bestandteil der Früherkennung angesehen [GERP99, S. 99 ff.], ist allerdings vor dem Hintergrund eines Technologie-Controllings separat zu betrachten. Sie zielt darauf ab, die Technologieposition des Unternehmens zu bestimmen. Die Technologieposition kann allerdings nicht absolut, sondern nur relativ bestimmt werden. Aus diesem Grund beinhaltet die interne Analyse eine technologische Konkurrenzanalyse zur relativen Einordnung der eigenen Stärken und Schwächen. Zur Identifizierung von Stärken und Schwächen existieren eine Vielzahl an unterschiedlichen Methoden, wie z.B. Gap- oder SWOT-Analysen, die zur Unterstützung bei den Aktivitäten der internen Analyse (siehe Bild 4-8) herangezogen werden können, aber hier nicht im Detail beschrieben werden.

Im Fokus der internen Analyse stehen die technologischen Kompetenzen des Unternehmens. Diese Kompetenzen umfassen mehr als die alleinige Beherrschung der Anwendung einer Technologie. Sie zeichnen sich durch die Fähigkeit aus, für einen bestimmten Aufgaben- oder Problembereich die technologischen Ressourcen so miteinander zu kombinieren, dass auch zukünftige Problemstellungen auf diesem Gebiet gelöst werden können [WALK03, S. 45].

Detaillierung des Technologie-Controllingkonzeptes

A-Nr.		Aktivitätenbezeichnung	kontinuierlich	zyklisch	bedarfsbezogen
11	00	**Identifizierung von Herausforderungen**		x	
11	10	Durchführung von Workshops mit internen Experten		x	
11	20	Analyse der Marktanforderungen		x	
11	21	• Befragung von externen Experten		x	
11	22	• Befragung von Kunden		x	
11	23	• Befragung von Lieferanten		x	
11	30	Formulierung der Herausforderungen		x	
11	40	Bestimmung technologischer Implikationen		x	
12	00	**Bestimmung von technologischen Fähigkeiten (interne Sicht)**		x	
12	10	Aufnahme fertigungstechnologischer Fähigkeiten		x	
12	11	• Zusammenstellung eingesetzter Fertigungstechnologien		x	
12	12	• Ermittlung der Leistungsgrenzen (z.B. Stückzahlen, Toleranzen)		x	
12	13	• Zusammenstellung von Mitarbeiterprofilen (z.B. Anzahl, Ausbildung)		x	
12	14	• Dokumentation der fertigungstechnologischen Fähigkeiten		x	
12	20	Aufnahme produkttechnologischer Fähigkeiten		x	
12	21	• Zusammenstellung angebotener Produkte		x	
12	22	• Ermittlung der Leistungsgrenzen (z.B. Funktionen, Einsatzgebiete)		x	
12	23	• Ermittlung der Kundenzufriedenheit		x	
12	24	• Dokumentation der produkttechnologischen Fähigkeiten		x	
12	30	Aufnahme von Entwicklungskompetenzen		x	
12	31	• Zusammenstellung von Mitarbeiterprofilen (z.B. Anzahl, Ausbildung)		x	
12	32	• Zusammenstellung eigener Patente		x	
12	33	• Aufnahme von unterstützenden Systemen (z.B. CAD, Teststrecken)		x	
12	34	• Beurteilung der Methodenkompetenz		x	
12	35	• Dokumentation der Entwicklungskompetenzen		x	
12	40	Ermittlung der Problemlösungsfähigkeit		x	
13	00	**Wettbewerbsanalyse (externe Sicht)**	x	x	x
13	10	Ermittlung relevanter Wettbewerber		x	
13	20	Analyse des Produktprogramms des Konkurrenten		x	
13	21	• Zusammenstellung angebotener Konkurrenzprodukte		x	
13	22	• Ermittlung der Leistungsgrenzen (z.B. Funktionen, Einsatzgebiete)		x	
13	23	• Ermittlung der Kundenzufriedenheit (z.B. neutrale Kundenbefragung)		x	
13	24	• Dokumentation		x	
13	30	Analyse von Konkurrenzpatenten (Fertigung und Produkte)		x	
13	40	Durchführung von Benchmarkings			x
14	00	**Auswertung der technologischen Fähigkeiten**	x	x	x
14	10	Abgleich der Herausforderungen mit den Fähigkeiten der Konkurrenz		x	x
14	20	Abgleich der Herausforderungen mit den eigenen Fähigkeiten		x	x
14	30	Erstellung eines Stärken- und Schwächenprofils		x	x
14	40	Identifizierung von Optimierungsmaßnahmen		x	x

Bild 4-8: Aktivitäten des Moduls „Interne Analyse" (siehe Anhang)

Die interne Analyse basiert auf einem Abgleich der gegenwärtigen und zukünftigen Herausforderungen mit den technologischen Fähigkeiten des Unternehmens im Vergleich zur Konkurrenz. Die Herausforderungen stellen Ergebnisse von Expertenbefragungen, Marktuntersuchungen, Kundenbefragungen etc. dar. Die Fähigkeiten des Unternehmens müssen sorgfältig bestimmt und dokumentiert werden. Dies beinhaltet die Aufnahme der eingesetzten Fertigungstechnologien und deren Leis-

Detaillierung des Technologie-Controllingkonzeptes

tungsspektrum. Zu diesem Zweck sind aufbauend auf Inventarlisten die eingesetzten Fertigungstechnologien sowie deren Kennwerte wie Alter, Leistung, Flexibilität oder Automatisierungsgrad zu bestimmen. Das Produktspektrum ist vor dem Hintergrund der eingesetzten Produkttechnologien auf ähnliche Weise zu analysieren. Darüber hinaus ist die Anzahl und die Qualifikation der Mitarbeiter in den technologierelevanten Bereichen (z.B. Produktion, FuE) aufzunehmen. Eigene Patente sind ebenfalls zu berücksichtigen. Daraufhin kann auf einem abstrakten Niveau die Problemlösungsfähigkeit des Unternehmens beschrieben werden. Aufbauend auf den zusammengestellten Informationen ergibt sich aus dem Abgleich mit den Herausforderungen des Unternehmens dessen Stärken und Schwächen, d.h. es werden die Potenziale des Unternehmens aufgezeigt.

Weitere Potenziale ergeben sich nach einer Konkurrenzanalyse. Schließlich ist die Bewältigung einer Herausforderung nur dann als Stärke anzusehen, wenn diese durch die Konkurrenz nicht im gleichen Umfang oder noch besser bewältigt wird. Die Ermittlung der technologischen Fähigkeiten der Konkurrenz ist aufgrund der fehlenden Zugänglichkeit interner Daten nur eingeschränkt zu realisieren. Die Informationen über die Produkte der Konkurrenz bieten eine erste Informationsbasis. Darüber hinaus können über Benchmarking, Kontakte zu Zulieferern, neutrale Einschätzungen von externen Beratern, Marktuntersuchungen, die auch die Konkurrenzprodukte mit einschließen, etc. weitere Informationen beschafft werden, die eine Einordnung der Konkurrenz im Vergleich zum betrachteten Unternehmen zulassen.

Ergebnis der internen Analyse ist ein Stärken-Schwächen-Profil, das eine wesentliche Eingangsinformation der Technologieplanung darstellt. Dabei werden die Potenziale bzw. der Handlungsbedarf des Unternehmens aus technologischer Sicht offensichtlich. Entscheidungen über den Aufbau von neuen technologischen Kompetenzen in Form von Investitionen in Maschinen und qualifiziertem Personal können beispielsweise als Maßnahmen abgeleitet werden.

4.2.3 Technologieplanung

Die Planung beinhaltet zusammenfassend die Ermittlung und Systematisierung aller Aktivitäten, deren Ablauf sowie der Kosten, Ressourcen und Termine und stellt die geistige Vorwegnahme zukünftigen Handelns dar [STRE03, S. 224 f.]. Innerhalb der Technologieplanung bedeutet dies, die richtigen Entscheidungen im Hinblick auf die zukünftige technologische Ausrichtung des Unternehmens zu treffen und deren Umsetzung voraus zu denken. Es sind also die Fragen zu beantworten, mit welchen Technologien und auf welchem Wege der Umsatz und die Marktanteile eines Unternehmens gesteigert, die Kundenanforderungen besser erfüllt, die Unternehmenspo-

Detaillierung des Technologie-Controllingkonzeptes

tenziale gestärkt, Wettbewerbsvorteile und Zeitvorsprünge erzielt und Stärken ausgebaut bzw. die Schwächen abgebaut werden können [PLES02, S. 337]. Die dazu notwendigen Aktivitäten lassen sich somit in die Kategorien

- Technologiebewertung,
- Technologieentscheidung und
- Projektplanung

einteilen (siehe Bild 4-9).

Ziel der Technologiebewertung ist die systematische Spiegelung des Spektrums an möglichen Technologieszenarien oder Technologien an den Anforderungen des Unternehmens [VDI97b, S. 5]. Technologieszenarien geben dabei Kombinationsmöglichkeiten von Produkt- und Produktionstechnologien wieder. Die Objekte zum Aufbau von Technologieszenarien stellen die innerhalb der Früherkennung identifizierten und potenziell relevanten Technologien, die schon unternehmensintern im Einsatz befindlichen Technologien sowie Ideen für Technologien dar. Ideen für Technologien ergeben sich aus dem Zusammenspiel der technologischen Fähigkeiten eines Unternehmens, der Umfeldsituation und den Erkenntnissen der eigenen Forschung und Entwicklung. Eine Fokussierung auf schon verfügbare Technologien ist zwar je nach strategischer Orientierung (siehe Zielmodell) ggf. sinnvoll, jedoch führt die Vernachlässigung von Technologien im Ideenstatus zu einer Verminderung des Innovationspotenzials.

Entscheidungen für oder gegen eine Technologie oder ein Technologieszenarium bedürfen einer nachvollziehbaren Grundlage. Deshalb steht eine Analyse der Entscheidungssituation zu Beginn der Technologiebewertung. Die Entscheidungssituation ist geprägt von den technologierelevanten Herausforderungen des Umfelds, den ermittelten relativen Stärken und Schwächen des Unternehmens, dem vorhandenen Technologiemix[5] und der strategischen Orientierung des Unternehmens. Des Weiteren sind relevante Marktdaten und -prognosen zu ermitteln bzw. zu erstellen. Darauf aufbauend sind die Zielgrößen für die Bewertung zusammenzustellen. Durch geeignete Bewertungskriterien[6] (ökonomische, technische, strategische etc.), die an den jeweiligen Anwendungsfall anzupassen sind [TWIS92, S. 130], wird der Bewertungsfall strukturiert. Die benötigte Informationsbasis ist ggf. für die Bewertung zu detaillieren, falls die Erkenntnisse der Technologiefrüherkennung dazu nicht ausreichen.

---

[5] Der Technologiemix stellt die Mischung der im Unternehmen beherrschten und angewendeten Technologien dar [SPEC02, S. 371].
[6] Eine Zusammenstellung von Bewertungskriterien ist in [HEIT00] aufgeführt.

Detaillierung des Technologie-Controllingkonzeptes

A-Nr.		Aktivitätenbezeichnung	kontinuierlich	zyklisch	bedarfsbezogen
21	00	**Technologiebewertung**			x
21	10	Festlegung des Bewertungsfalls			x
21	20	Eingrenzung des Betrachtungsbereichs			x
21	30	Zusammenstellung von Technologieszenarien			x
21	31	• Sammlung von Technologieideen			x
21	32	• Sichtung der Ergebnisse der Technologiefrüherkennung			x
21	33	• Ermittlung von Kombinationsmöglichkeiten (Produkt- und Produktionstechnologien)			x
21	40	Analyse der Entscheidungssituation			x
21	41	• Aufbereitung technologischer Herausforderungen		x	
21	42	• Zusammenstellung des vorhandenen Technologiemix		x	
21	43	• Aufbereitung technologischer Stärken und Schwächen		x	
21	44	• Klärung der strategischen Orientierung des Unternehmens		x	
21	45	• Ableitung von konkreten Zielsetzungen für den Bewertungsfall			x
21	46	• Berücksichtigung der vorhandenen Ressourcen			x
21	47	• Ermittlung von Marktdaten und -prognosen	x	x	
21	50	Festlegung von Bewertungskriterien (z.B. Wirtschaftlichkeit, Qualität)			x
21	60	Detaillierte Informationsbeschaffung bzgl. der Technologieszenarien		x	x
21	70	Eindimensionale Bewertung der Technologieszenarien			x
21	80	Verknüpfung der eindimensionalen Bewertungen			x
21	90	Visualisierung der Bewertungsergebnisse (z.B. Portfolio)		x	x
22	00	**Technologieentscheidung**	x		x
22	10	Auswahl eines Technologieszenarios	x		x
22	20	Formulierung eines Pflichtenheftes			x
22	30	Dokumentation und Visualisierung der Technologieentscheidung (z.B. Roadmap)			x
22	40	Ermittlung von Umsetzungsszenarien			x
22	40a	— Kooperation			
22	40b	— Eigen- oder Fremdentwicklung (Make-or-buy)			
22	40c	— Zukauf von verfügbaren Technologien (z.B. Investitionen in Maschinen, Zukauf von Produktkomponenten)			
22	40d	— Lizensierung			
22	40e	— Technologieausstieg (Keep-or-sell)			
22	50	Bewertung der Umsetzungsszenarien			x
22	60	Auswahl eines Umsetzungsszenarios	x		x
22	70	Dokumentation der Umsetzungsvorgaben			x
23	00	**Projektplanung**			x
23	10	Definition der Projektziele			x
23	20	Ableiten von Aufgabenpaketen			x
23	30	Erstellung eines Projektplans			x
23	31	• Bestimmung der Reihenfolge der Aufgabenpakete			x
23	32	• Terminierung der Aufgabenpakete			x
23	33	• Festlegung von Meilensteinen			x
23	40	Erstellung eines Ressourcenplans			x
23	41	• Zuordnung von Mitarbeitern			x
23	42	• Festlegung von Verantwortlichkeiten			x
23	43	• Zuordnung von unterstützenden Systemen			x
23	50	Erstellung eines Kostenplans			x
23	51	• Zuordnen von Budgets zu Arbeitspaketen			x
23	60	Dokumentation (z.B. Projektroadmaps, Projektsteckbriefe)			x

Bild 4-9: Aktivitäten des Moduls „Technologieplanung" (siehe Anhang)

Zur eigentlichen Bewertung können verschieden Methoden[7] genutzt werden, die die unterschiedlichen Bewertungsdimensionen vor dem Hintergrund der Entscheidungssituation und der Zielgrößen verknüpfen. Die Ergebnisse in Form eines Zielerfüllungsgrades werden anschließend in Portfolios, Projektstandskurven etc. visualisiert. Somit kann die Komplexität technologischer Entscheidungen aufgelöst werden.

Auf Basis der Priorisierung der einzelnen Technologien ist im nächsten Schritt die Entscheidung zu treffen, welche Technologien kurz-, mittel- und langfristig ihren Einzug ins Unternehmen finden sollen. Zur Dokumentation bieten sich Roadmaps[8] an, die zur Terminierung der Technologien genutzt werden. D.h. der erstmalige Einsatz und das Ende der Nutzungsphase einer Technologie werden dargestellt. Darüber hinaus werden üblicherweise die Abhängigkeiten, Wechselwirkungen und Impulse zwischen den einzusetzenden Produktions- und Produkttechnologien sowie dem Markt im Zeitverlauf wiedergegeben [ZWEC03, S. 35 f.].

Aus der Technologieentscheidung resultieren eine Vielzahl an Fragestellungen, die im Rahmen einer detailliert ausformulierten Technologiestrategie zu beantworten sind. Diese Fragestellungen unterscheiden sich je nach Betrachtungsobjekt. Im Hinblick auf neue Ideen für Fertigungs- oder Produkttechnologien ist z.B. festzulegen, ob die Entwicklung der Technologie eigenständig durchgeführt wird oder ob ein externer Entwicklungspartner beauftragt werden soll. D.h. die Frage des Make-or-buy für Entwicklungsaufgaben ist zu beantworten. Kooperationen mit Wettbewerbern oder Forschungseinrichtungen stellen eine weitere Möglichkeit zur Technologierealisierung dar. Die Frage des Make-or-buy stellt sich ebenfalls bei am Markt vorhandenen Technologien und zielt auf die Minimierung von Fertigungstiefen durch Zukauf von Produkttechnologien ohne Eigenfertigung ab. Der Kauf neuer Fertigungsmittel stellt eine weitere typische Entscheidung innerhalb der Technologieplanung dar. Des Weiteren ist ggf. der Anstoß für eigene Forschungsaktivitäten zu geben. Bezüglich bestehender technologischer Fähigkeiten und Patente ist darüber nachzudenken, ob diese nicht ggf. über Lizenzen noch vermarktet werden können. Diese Beispiele zeigen nur einen kleinen Ausschnitt an Fragestellungen, deren Beantwortung oftmals den Rahmen des Technologiemanangements sprengen. Von besonderer Bedeutung ist daher die integrierte Betrachtung von Technologien aus unterschiedlichen Perspektiven.

---

[7] Mehrdimensionaler Bewertungsverfahren sind bei [ZIMM91] beschrieben.
[8] Für vertiefende Erläuterungen zum Roadmapping wird auf [MÖHR05] verwiesen.

Detaillierung des Technologie-Controllingkonzeptes

Ausgehend von den getätigten Entscheidungen und den daraus resultierenden Maßnahmen erfolgt die Projektplanung zur Umsetzung der Vorgaben. Projekte werden nach DIN 69901 als ein Vorhaben, das durch Einmaligkeit der Bedingungen, wie z.B. zeitliche oder finanzielle Begrenzungen, gekennzeichnet ist, verstanden. Für das Technologiemanagement in seiner Gesamtheit gilt diese Definition aufgrund der kontinuierlichen Aufgabenstellung nicht, so dass hier kein Projektcharakter vorliegt. Bei der Umsetzung von einzelnen Maßnahmen oder Maßnahmenbündeln innerhalb des Technologiemanagements, die in der Regel zeitlich und inhaltlich begrenzt sind, hat sich eine projektspezifische Organisation bewährt. Die Inhalte der zu initiierenden Technologieprojekte reichen von der Entwicklung neuer Technologien, der Beschaffung neuer Fertigungsanlagen bis zur Organisation externer Entwicklungstätigkeiten. Die Abstimmung der einzelnen Technologieprojekte vor dem Hintergrund begrenzter Ressourcen sowie die inhaltliche und strukturelle Ausgestaltung der Einzelprojekte sind Inhalt der Projektplanung. Dies erfasst zunächst die Projektdefinition, in der die Ziele und Aufgaben festgelegt werden. Diese sind anschließend in einzelne Aufgabenpakete zu zerlegen und zu terminieren und bilden dann den Projektplan, der noch um einen Ressourcenplan inklusive Verantwortlichkeiten und um einen Kostenplan ergänzt werden muss [SPEC03, S. 225]. Die Technologieprojekte definieren somit die Aktivitäten für das operative Technologiemanagement. Abschließend können die Technologieprojekte in die zuvor beschriebene Technologie-Roadmap integriert werden, so dass die Ergebnisse der Technologieplanung gesamtheitlich dargestellt werden können.

Die operative Bearbeitung der Technologieprojekte ist Bestandteil des Moduls Technologierealisierung, in dem der Auf- und Ausbau der eigenen technologischen Fähigkeiten angestrebt wird, sowie des Moduls Technologietransfer, das die Überführung technologischer Fähigkeiten in Produkte und Prozesse zum Ziel hat. Dabei beschäftigt sich der Technologietransfer sowohl mit der Implementierung von Eigenentwicklungen des Unternehmens als auch mit der Implementierung externer, d.h. zugekaufter Technologien.

4.2.4 Technologierealisierung

Technologierealisierung hat die Aufgabe, ein tiefes Verständnis der wissenschaftlichen Zusammenhänge außerhalb der existierenden Technologien aufzubauen. Des Weiteren zielt sie auf die Erfindung von Verbesserungsmöglichkeiten im Hinblick auf die bisher eingesetzten Technologien als auch im Hinblick auf zukünftige Technologien in Produkten und Prozessen ab (siehe Bild 4-10). Zielsetzung der Technologierealisierung ist somit die Erhaltung und der Ausbau der technologischen Fähigkeiten durch inkrementale (z.B. durch Produktpflege) und radikale Verbesserung von Produkten und Prozessen sowie der Ausbau von Marktanteilen oder die Erschließung neuer Märkte. Letzteres erfolgt durch innovative Produkte und Prozesse [BETZ93, S. 109 f.].

A-Nr.		Aktivitätenbezeichnung	kontinuierlich	zyklisch	bedarfsbezogen
31	00	Forschung	x		
31	10	Grundlagenforschung	x		
31	20	Forschung	x		
31	21	• Festlegung des Forschungsschwerpunktes		x	
31	21a	— Technologische Vorgaben der Unternehmensführung		x	
31	21b	— Feedback aus der Fertigung und dem Produkteinsatz		x	
31	22	• Generierung von Ideen für neue Lösungsprinzipien	x		
32	00	Entwicklung und Konstruktion			x
32	10	Klärung			x
32	11	• Präzisierung der Aufgabenstellung			x
32	12	• Sammlung von technischen Informationen			x
32	13	• Beseitigung von Informationslücken			x
32	20	Konzeption			x
32	21	• Ermittlung der Funktionen			x
32	21a	— Festlegung der Gesamtfunktion			x
32	21b	— Zerlegung in Teilfunktionen			x
32	21c	— Ermittlung von Elementarfunktionen			x
32	21d	— Kombination der Elementarfunktionen zur Gesamtfunktion			x
32	22	• Suche nach Lösungsprinzipien			x
32	22a	— Zuordnung von technisch-wissenschaftlichen Effekten (z.B. chemische, physikalische) zu Elementarfunktionen			x
32	22b	— Konkretisierung durch wirkstrukturelle Festlegung (z.B. Geometrien, Werkstoffe)			x
32	22c	— Kombination von Lösungsmöglichkeiten			x
32	22d	— Priorisierung einer Gesamtlösung			x
32	30	Entwurf und Ausarbeitung			x
32	31	• Gliederung in realisierbare Module			x
32	32	• Definition der Schnittstellen			x
32	33	• Gestaltung der Module (z.B. Vorentwürfe)			x
32	34	• Zusammenstellung des Gesamtentwurfes			x
32	35	• Dokumentation, z.B.			x
32	35a	— Maßstäbliche Zeichnungen, Stücklisten, Prozesspläne			x
32	35b	— Einzelteilzeichnungen			x
32	35c	— Fertigungs-, Montage-, Prüf- und Transportvorschriften			x
32	35d	— Benutzerhandbücher			x
32	35e	— Einzelteilzeichnungen			x
32	40	Prüfung von Schutzmechanismen (z.B. Patente)		x	x
33	00	Validierung			x
33	10	Erstellung eines Prototypen (Produkt oder Prozess)			x
33	20	Aufbau einer Versuchsanlage			x
33	30	Erprobung von Produkt- und Produktionstechnologie			x
33	40	Auswertung der Versuchsergebnisse			x

Bild 4-10: Aktivitäten des Moduls „Technologierealisierung" (siehe Anhang)

Die Technologierealisierung beinhaltet im Wesentlichen die Forschung nach neuen Erkenntnissen und die daraus abgeleitete Entwicklung von neuen Technologien und Technologieanwendungen sowie deren Konstruktion. Als Forschung wird der generelle Erwerb neuer Kenntnisse verstanden. Die Entwicklung ist deren erstmalige konkretisierende Anwendung und praktische Umsetzung [GABL97, S. 1372]. Der Neuheitsgrad ist dabei unternehmensspezifisch zu definieren. Die Forschung in Unternehmen konzentriert sich primär auf die angewandte Forschung, die auf spezifische, praktische Ziele ausgerichtet ist. Grundlagenforschung ohne direkten Anwendungsbezug ist aufgrund des hohen Ergebnisrisikos meist staatlichen Institutionen vorbehalten. Die Konstruktion[9] bezeichnet dabei das kombinierte Anwenden von bekannten Konstruktionsprinzipien und beinhaltet demnach keinen Neuheitsgrad.

Innerhalb der Forschung gilt es, neue technologische Möglichkeiten zu identifizieren. D.h. ausgehend von den Herausforderungen des Unternehmensumfelds sind zunächst viele Ideen bzw. Erfindungen zu generieren. Hierbei spielt die Kreativität der Mitarbeiter eine zentrale Bedeutung. Die Erfindungen finden in allen wesentlichen Entwicklungsstadien permanent Eingang in die Technologiebewertung des Moduls Technologieplanung. Als Ergebnis der mehrdimensionalen Bewertung wird ggf. ein weiterführender Entwicklungsauftrag erteilt und ein Projekt initiiert bzw. fortgeführt.

Grundsätzlich lassen sich die Aktivitäten der Entwicklung und Konstruktion in Anlehnung an die Konstruktionsmethodik nach VDI 2222[10] neben dem Projektmanagement in eine Konzeptionsphase, eine Entwurfsphase sowie eine Ausarbeitungsphase einteilen. Dabei steigt der Konkretisierungsgrad mit dem Fortschreiten im Entwicklungsprozess an. Als Grundlage für die Entwicklung erfolgt die Konkretisierung der Aufgabenstellung. Die Ergebnisse werden in einer Anforderungsliste zusammengetragen. Diese Liste ist dabei nicht als unveränderlich anzusehen. Die sich innerhalb des Entwicklungsprozesses ergebenden notwendigen Änderungen müssen ergänzt werden. Allerdings sind Forderungen und Wünsche selten klar und präzise in einem Pflichtenheft zu formulieren [CLAU98, S. 159]. Aus diesem Grund erfolgt neben der Sammlung und Strukturierung von Informationen auch das Erkennen und Beseitigen von Informationslücken. Anschließend sind Funktionen und deren Strukturen zu ermitteln. „Unter Funktion soll die vollständige Beschreibung einer Tätigkeit eines bereits vorhandenen oder noch zu konstruierenden technischen Gebildes verstanden werden" [KOLL94, S. 3]. D.h. es ist zunächst die Gesamtfunktion bzw. der Zweck gemäß der Anforderungsliste als Black-Box darzustellen. Anschließend er-

---

[9] Weiterführende Informationen sind in [EVER98] dargestellt.
[10] Das Vorgehensmodell des methodischen Konstruierens nach VDI 2222 ist in [VDI97a] beschrieben.

folgt eine Zerlegung in Teilfunktionen, die strukturiert und kombiniert werden [VDI93, S. 10]. Ist keine weitere Untergliederung der Teilfunktionen möglich, so handelt es sich um Elementarfunktionen. Bezüglich dieser Elementarfunktionen liegen Tabellen[11] vor, die eine Funktionsstrukturierung ohne Vorwegnahme einer bestimmten Lösung ermöglichen [KOLL94, S. 89].

Des Weiteren sind mögliche Lösungen zu identifizieren und zu priorisieren. Zu diesem Zweck erfolgt eine Zuordnung von physikalischen, chemischen, biologischen etc. Effekten zu den einzelnen Elementarfunktionen [KOLL94, S. 99 f.]. Anschließend erfolgt die Konkretisierung der Effekte durch eine wirkstrukturelle Festlegung von z.B. Werkstoff, Geometrie und Bewegung sowie eine Kombination zu Lösungsprinzipien. Dies wird durch den Einsatz sogenannter Effektkataloge unterstützt, die von Koller zusammengestellt wurden [KOLL94, S. 465 ff.]. Zur Vereinfachung der Konstruktionsaufgabe erfolgt die Gliederung der Lösungsprinzipien in realisierbare Module. Dies beinhaltet eine Aufteilung der Funktionsstruktur in Teilsysteme und die Definition der zugehörigen Schnittstellen. Als Darstellungsform werden beispielsweise Anordnungsskizzen oder Struktogramme verwendet. Die Aufteilung in einzelne Module führt zu Verzweigungen im Entwicklungsprozess. Baugruppen oder Einzelteile werden dann getrennt voneinander ausgearbeitet. Gleiches gilt für einzelne Alternativen, die parallel weiterentwickelt werden [VDI97a, S. 10]. Im Weiteren werden Vorentwürfe bezüglich der wichtigsten Elemente der technischen Neukonstruktion erstellt, bevor die Gestaltung aller übrigen Module (neben den maßgebenden Modulen) und der festgelegten Schnittstellen im Fokus liegt. D.h. es erfolgt die Verknüpfung der einzelnen Module. Ergebnis dieses Schrittes ist der Gesamtentwurf, bestehend aus maßstäblichen Zeichnungen, vorläufigen Stücklisten etc. Im letzten Schritt erfolgt die Dokumentation. Dabei sind Einzelteil-, Gruppen- und Gesamtzeichnungen, Fertigungs-, Montage-, Prüf- und Transportvorschriften, Stücklisten, Betriebsanleitungen, Benutzerhandbücher etc. zu erstellen [VDI93, S. 11]. Patentrechtliche Fragestellungen sind mit zu berücksichtigen.

Der Aufbau von Prototypen und Versuchanlagen sowie die Erprobung stellen den Lösungsnachweis für technische Problemstellungen dar und schließen die Lücke zum Technologietransfer, der im Weiteren betrachtet wird.

4.2.5 Technologietransfer

Der Technologietransfer wird als planvoller, zeitlich limitierter Prozess zur Verbreitung oder Diffusion von Technologie im Sinne ihrer wirtschaftlichen Nutzbarmachung

---

[11] Siehe hierzu [ROTH01]

Detaillierung des Technologie-Controllingkonzeptes

[GABL96, S. 3735] oder, anders formuliert, zur Übertragung von technologischem und technologiebezogenem Know-how zwischen Partnern bezeichnet. Das Verhältnis der Partner zueinander kann dabei unterschiedliche Formen je nach gewählter Technologiequelle haben. Die Quellenarten können dabei in Unternehmensakquisition, Kooperation, Technologieerwerb oder internen FuE unterschieden werden [SENG95, S. 14 ff.]. Die Frage, in welcher Form neues technologisches Wissen aufgebaut werden soll, wurde innerhalb des Moduls der Technologieplanung beantwortet. Das Modul Technologietransfer fokussiert nun auf die operativen Maßnahmen, um eine Produktion zu ermöglichen (siehe Bild 4-11).

A-Nr.		Aktivitätenbezeichnung	kontinuierlich	zyklisch	bedarfsbezogen
41	00	Produktionsvorbereitung			x
41	10	Auswahl benötigter Produktionstechnologien			x
41	11	• Bestimmung von Bearbeitungstechnologien			x
41	12	• Bestimmung von Handhabungstechnologien			x
41	13	• Bestimmung von Transporttechnologien			x
41	14	• Bestimmung von Prüftechnologien			x
41	13	• Integration der Ergebnisse der Prozessentwicklung			x
41	20	Festlegung der Bearbeitungsreihenfolge			x
41	30	Beschaffung der Fertigungsmittel			x
41	31	• Analyse des bestehenden Maschinenparks			x
41	32	• Bestimmung des Investitionsbedarfs			x
41	33	• Ermittlung von Technologielieferanten			x
41	34	• Bewertung alternativer Maschinen			x
41	35	• Entscheidung			x
41	40	Festlegung der Bearbeitungsparameter			x
41	50	Fertigung einer Nullserie			x
41	70	Feinabstimmung			x
41	71	• Beurteilung der erzielten Qualität			x
41	72	• Beurteilung der verursachten Kosten			x
41	73	• Ermittlung von Verbesserungsmaßnahmen			x
41	74	• Umsetzung der Verbesserungsmaßnahmen			x
41	80	Dokumentation			x
41	81	• Erstellung der Arbeitspläne			x
41	82	• Erstellung der Bearbeitungsvorgaben			x
41	83	• Erstellung der Verfahrensanweisungen			x
41	90	Personalbeschaffung			x
41	91	• Ermittlung der benötigten Mitarbeiterqualifikation			x
41	92	• Ermittlung des Personalbedarfs			x
41	93	• Personalakquisition			x
41	94	• Schulung der Mitarbeiter			x

Bild 4-11: Aktivitäten des Moduls „Technologietransfer" (siehe Anhang)

Dies beinhaltet zum einen die Fertigung neuer Produkte bzw. deren Einzelteile. Ob die Erkenntnisse dabei aus der eigenen FuE oder z.B. Ergebnis einer Kooperation sind, ist für den vorliegenden Anwendungsfall von untergeordneter Bedeutung. Zum anderen bezieht sich der Technologietransfer auf die Integration neuer Fertigungstechnologien in die bestehenden Produktionsabläufe. Hier steht der Technologieerwerb und die interne Prozessentwicklung im Vordergrund der Betrachtung. Ein wesentlicher Aspekt des Technologietransfers stellt bei beiden Punkten das Wissensmanagement mit der Zielsetzung, die Ressource „Wissen" in einen Nutzen für das Unternehmen umzuwandeln, dar.

Im Hinblick auf die Herstellung von neuen Bauteilen zur Realisierung einer neuen Produkttechnologie und Produkten gilt es, die optimale Fertigungsfolge festzulegen. Optimal ist in diesem Zusammenhang unternehmensspezifisch zu verstehen, d.h. die Fertigungsfolge ist vor dem Hintergrund unternehmensspezifischer Randbedingungen (z.B. vorhandener Maschinenpark, Anzahl und Qualifikation der Mitarbeiter) auszulegen. Dazu erfolgt zunächst die Auswahl und Verkettung von benötigten Fertigungs-, Handhabungs-, Transport-, Lagerungs- und Prüfmitteln [FALL00, S. 77; TROM00, S. 51]. Dieser Auswahl liegt eine mehrdimensionale Bewertung zugrunde, in der insbesondere die Ökonomie und die erzielbare Qualität zu beurteilen sind. Die erste Fertigung von Bauteilen wird als Nullserie oder Vorserie bezeichnet. Dabei steht der Nachweis der erreichbaren Qualität im Vordergrund. Letzte Feinabstimmungen werden vorgenommen, bevor abschließend die Serienfertigung vorbereitet wird. Diese Vorbereitung beinhaltet die Detailplanung des Fertigungslayouts sowie die Beschaffung der notwendigen Fertigungsmittel. Neben der Einplanung der Ressourcen von vorhandenen Fertigungsmitteln ist die Integration von neuen Fertigungstechnologien, d.h. von zur Zeit noch nicht im Unternehmen eingesetzten Fertigungstechnologien, in die Produktion Bestandteil der Serienvorbereitung [WALK02, S. 68]. Die Bereitstellung des erforderlichen Personals ist ebenfalls Inhalt des Technologietransfers.

Der Aspekt der Integration von neuen Fertigungstechnologien in das Unternehmen soll an dieser Stelle etwas detaillierter betrachtet werden. Neue Fertigungstechnologien als Ergebnis der eigenen Prozessentwicklung oder durch einen Zukauf haben vielfältige Implikationen. Hier ist zu prüfen, ob die neue Technologie in die bestehenden betrieblichen Strukturen passt, oder ob Veränderungen der Organisationsstrukturen sinnvoll sind. Dann sind Aktivitäten im Rahmen eines Changemanagements von Bedeutung. Dabei gilt es, Fragestellungen technologischer, organisatorischer und personeller Art zu lösen [SENG95, S. 4]. Insbesondere im Hinblick auf das Personal zeigt sich, dass der Erfolg einer Integration häufig von der Qualifikation und Motivation der Mitarbeiter abhängt. Der Auf- und Ausbau der Qualifikation der Mitarbeiter beispielsweise durch Schulungen ist somit ein zentraler Aspekt des Technologietransfers.

Detaillierung des Technologie-Controllingkonzeptes

4.2.6 Technologieeinsatz

Innerhalb des Technologieeinsatzes wird auf die Aktivitäten des Technologiemanagements während der laufenden Produktion eingegangen. Diese beziehen sich sowohl auf den Betrieb der Fertigungsmittel als auch auf den Betrieb der Produkttechnologien beim Endkunden (siehe Bild 4-12). Innerhalb dieser Nutzungsphase der Produkte und Fertigungsmittel sind nur wenige Aktivitäten des Technologiemanagements durchzuführen, da die technologie-strategische Ausrichtung eines Unternehmens schon festgelegt wurde. Somit zielen die Aktivitäten primär auf die Überprüfung der innerhalb der Technologieplanung und -realisierung aufgestellten Prognosen und Erwartungen. Darauf aufbauend sind kontinuierliche Verbesserungsmaßnahmen zu initiieren, um zum einen Lerneffekte und zum anderen Rückschlüsse auf zukünftige Produkte und Technologien (z.B. Feedback-to-design) zu ermöglichen. Lerneffekte insbesondere des operativen Produktionspersonals und durch organisatorische Verbesserungen führen zu Produktivitätssteigerungen und somit zu einer Verbesserung des Input/Output-Verhältnisses der Produktionssysteme [GABL96, S. 2440].

A-Nr.		Aktivitätenbezeichnung	kontinuierlich	zyklisch	bedarfsbezogen
51	00	**Feedback-to-Design (bezogen auf Produkttechnologien)**	x		
51	10	Durchführung von Kundenbefragungen		x	
51	20	Auswertung von Kundenreklamationen	x		
51	30	Auswertung von Reparaturfällen	x		
51	40	Dokumentation der Informationen			x
51	50	Weiterleitung der Informationen zur Produktpflege			x
51	60	Ableitung von Verbesserungsmaßnahmen	x		
52	00	**Produktionsoptimierung**	x		
52	10	Ermittlung von Schwachstellen	x		
52	11	• Auswertung der Instandsetzungsaktivitäten	x		
52	12	• Auswertung des betrieblichen Vorschlagswesens	x		
52	13	• Auswertung von Qualitätsdaten	x		
52	14	• Auswertung der Kostenstruktur	x		
52	20	Ableitung von Verbesserungsmaßnahmen	x		x
52	30	Umsetzung der Verbesserungsmaßnahmen			x
52	40	Weiterleitung der Informationen an die Prozessentwicklung			x

Bild 4-12: Aktivitäten des Moduls „Technologieeinsatz" (siehe Anhang)

Der Aspekt des Feedback-to-design ist sowohl für Produktions- als auch für Produkttechnologien von Bedeutung. Aufgabe des Technologiemanagements ist es in diesem Zusammenhang, die technologierelevanten Erkenntnisse aus der laufenden Produktion und der Instandhaltung auszuwerten und an die eigene Prozessentwicklung bzw. an den Technologiegeber zurückzuspielen. Im Hinblick auf die Produktionstechnologien beinhaltet dies die Auswertung von Kundenreklamationen hinsichtlich technologisch bedingter Fehler. Eine Herausforderung liegt dabei im Wissensmanagement, das die Verfügbarkeit und Auswertbarkeit der vorliegenden Informationen für verschiedene Unternehmensbereiche sicherstellen muss.

4.2.7 Zwischenfazit

Innerhalb des Aktivitätenmoduls wurden die Aktivitäten des Technologiemanagements für das systembildende Technologie-Controllingkonzept zusammengestellt. Zur Strukturierung wurde das Technologiemanagement in die Module Technologiefrüherkennung, interne Analyse, Technologieplanung, Technologierealisierung, Technologietransfer und Technologieeinsatz unterteilt. Innerhalb dieser Module konnte ein Grundgerüst von technologierelevanten Aktivitäten in Form eines Arbeitsplans des Technologiemanangements aufgebaut werden. Eine gesamtheitliche Darstellung der Arbeitspläne des Technologiemanagements wurde dem Anhang beigefügt. Es zeigte sich die Vielfältigkeit der Aufgaben des Technologiemanagements. Sicherlich erhebt das Aktivitätenmodell nicht den Anspruch auf Vollständigkeit. Schließlich sind die Randbedingungen, Produkte, Märkte etc. eines jeden technologieorientierten Unternehmens sehr unterschiedlich, so dass im Detail noch Spezialaufgaben relevant sein können, die hier nicht benannt wurden. Es steht allerdings jedem Nutzer dieses Aktivitätenmodells frei, die eine oder andere Aktivität in seinen unternehmensspezifischen Arbeitsplan des Technologiemanagements mit aufzunehmen.

Die Zusammenstellung eines unternehmensspezifischen Arbeitsplans des Technologiemanagements erfolgt auf der Basis der aufgenommenen Unternehmensziele (siehe Zielmodell). Der Zusammenhang zwischen den Zielen eines Unternehmens und den technologieorientierten Aktivitäten wird im folgenden Abschnitt zum Typologiemodell herausgearbeitet, bevor dann unternehmensspezifische Kennzahlen im Rahmen des Messgrößenmodells abgeleitet werden können.

4.3 Typologiemodell

Das Aktivitätenmodell zeigt eine Vielzahl an Aktivitäten auf, die zur Erzielung eines Wettbewerbsvorteils durch technologische Veränderungen beitragen. Die Arbeitspläne des Technologiemanagements sind dabei nicht als generische Aktivitätenabfolge anzusehen, die für jedes Unternehmen gleichermaßen Gültigkeit besitzen bzw. von gleicher Bedeutung sind. Je nach Zielsetzung eines Unternehmens sind die Schwerpunkte für einen unternehmensspezifischen Arbeitsplan zu setzen. Aufgabe des Typologiemodells ist es, in Anhängigkeit von der technologieorientierten Unter-

Detaillierung des Technologie-Controllingkonzeptes

nehmenszielrichtung die Schwerpunkte innerhalb der technologieorientierten Aktivitäten zu setzen und somit die Zusammenstellung eines unternehmensspezifischen Aktivitätenbündels zu unterstützen. Das Typologiemodell dient somit der Effektivität des Technologie-Controllingkonzeptes und ermöglicht die Fokussierung auf die für das betrachtete Unternehmen wesentlichen Aktivitäten des Technologiemanagements.

Im Rahmen des Zielmodells wurde die technologieorientierte Unternehmenszielrichtung als Kombination von Wettbewerbsstrategie, Technologiestrategie und technologischer Ausrichtung beschrieben. Zur Ableitung von Aktivitätsschwerpunkten bedarf es zunächst einer Betrachtung des Zusammenhangs zwischen diesen Elementen des Zielmodells. Ausgangspunkt stellen dabei die beiden Wettbewerbsstrategien Kostenführerschaft und Qualitätsführerschaft dar, die durch eine angepasste Technologiestrategie im Hinblick auf Produkt- und Prozesstechnologien zu unterstützen sind. Technologieführerschaft oder Technologiefolgerschaft beziehen sich dabei auf alle Technologien, die innerhalb eines Unternehmens genutzt oder hergestellt werden. Technologieführer ist derjenige, der ein Produkt erstmalig mit einer neuen Technologie ausstattet oder mit Hilfe eines neuen Fertigungsverfahrens herstellt und am Markt platziert. Der Technologiefolger beobachtet zunächst den Markt und wird technologische Entwicklungen von Produkten und innerhalb der Produktion nachträglich antizipieren und ggf. optimieren. Entgegen der weit verbreiteten Meinung, dass Qualitätsführerschaft nur als Technologieführer und Kostenführerschaft nur als Technologiefolger zu realisieren sei, ermöglichen sowohl die Strategie der Technologieführerschaft als auch die der Technologiefolgerschaft die Unterstützung beider Wettbewerbsstrategien (siehe Bild 4-13).

	Kostenführerschaft	Qualitätsführerschaft
Technologieführer	• Erstmalige Einführung von Produkt- und Prozesstechnologien, die einen Kostenvorteil generieren	• Erstmalige Einführung von Produkt- und Prozesstechnologien, die einen funktionalen Mehrwert für den Kunden realisieren
Technologiefolger	• Kostensenkung durch Ausnutzen der Erfahrungen des Technologieführers	• Erweiterung eines funktionalen Mehrwertes durch Eliminierung von Pionierfehlern und gezieltere Anpassung an Kundenbedürfnisse

in Anlehnung an [PORT99b, S. 244; FRAU00, S. 18]

Bild 4-13: Zusammenhang zwischen Technologie- und Wettbewerbsstrategien

Kostenführerschaft ist somit zum einen als Technologieführer zu erreichen, indem durch den Einsatz neuer und kostengünstiger Produktionsmittel oder Produkte, Kostenvorteile für den Kunden generiert werden können. Zum anderen kann als Technologiefolger von den Erfahrungen des Technologieführers profitiert und somit unter Umständen günstigere Produkte realisiert werden. Qualitätsführerschaft erreicht der Technologieführer, wenn er bislang nicht verfügbare Produktfunktionalitäten oder eine einmalige Produktqualität am Markt platziert und damit einen funktionalen Mehrwert für den Kunden erzielt. Als Technologiefolger kann die Qualitätsführerschaft durch die Eliminierung von Pionierfehlern oder durch eine noch gezieltere Anpassung des Produktes an den Kundenanforderungen erreicht werden [PORT99b, S. 244; FRAU00, S. 18]. Die Technologieführerposition muss meist durch hohe Aufwendungen für Forschung (insbesondere Grundlagenforschung), Entwicklung und Marketing (zur Erschließung neuer Märkte) bezahlt werden. Dabei trägt der Technologieführer ein hohes Erfolgsrisiko, da er sich auf einem bisher nicht erschlossenen Markt bewegt. Im Gegensatz dazu kann der Technologiefolger auf überwiegend vorhandenes Know-how zurückgreifen, das z.B. über Lizenzen erschlossen werden kann [STRE03, S. 144 ff.]. Das Risiko ist dabei vergleichsweise gering, da ein bestehender Markt und somit eine belastbare Bewertungsgrundlage vorliegt.

Zur Identifikation von Aktivitätenschwerpunkten ist der Einfluss von Produkt- und Produktionstechnologien separat und detaillierter zu betrachten, um die Verbindung zu den Aktivitäten des Technologiemanagements zu knüpfen. Kostenführerschaft bedeutet für Produkttechnologien, dass die angebotenen Produkte und die darin enthaltenen Technologien nachhaltig den geringsten Preis auf dem Markt erzielen. Dazu bedarf es einer kontinuierlichen Optimierung der Produktbestandteile im Hinblick auf deren Herstellbarkeit. Dies beinhaltet beispielsweise Aspekte der fertigungs- und montagegerechten Konstruktion zur Erzielung von Produktionserleichterungen, die Überprüfung verwendeter Materialien im Hinblick auf Einsparpotenziale oder die Einführung von Standards zur Reduzierung von variantenbedingten Kosten. Die Qualitätsführerschaft lässt sich über die Produkttechnologien insbesondere durch neue Funktionalitäten, das Angebot alternativer Varianten etc. erreichen (siehe Bild 4-14). Die Verfolgung der Kostenführerschaft auf der Basis von Produkttechnologien ist weniger innovativ als die Strategie der Qualitätsführerschaft [STRE03, S. 143]. Im Mittelpunkt der Qualitätsführerschaft steht die Verbesserung der im Produkt enthaltenen Technologien selbst, während bei der Kostenführerschaft die Produktion bei der Optimierung des Produktes im Vordergrund steht.

Kostenführerschaft in Verbindung mit Produktionstechnologien zielt auf die Fertigungskosten von Produkten ab. Ziel ist es, die Fertigung kontinuierlich zu optimieren. Dies erfolgt zum einen durch den Einsatz besserer Fertigungssysteme und zum anderen auf der Basis von Lernkurveneffekten. Ergebnis der Optimierung stellen

Detaillierung des Technologie-Controllingkonzeptes

beispielsweise Ressourceneinsparungen, Verringerungen von Durchlaufzeiten oder Fertigungsstandardisierungen dar. Die Aufgabe der Produktionstechnologie im Hinblick auf eine Qualitätsführerschaft richtet sich auf die Erhöhung der Produktqualität durch Optimierung der Fertigungsverfahren. Die Produktqualität zeigt sich dabei beispielsweise in engeren Toleranzen, in Form einer kurzen Lieferzeit oder durch Fehlerfreiheit aufgrund einer angepassten Qualitätskontrolle [PORT99b, S. 240; BULL94, S. 136; FRAU00, S. 17].

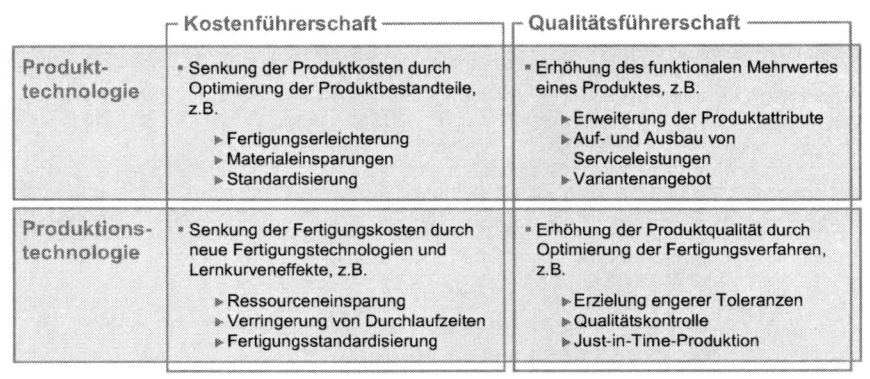

	Kostenführerschaft	Qualitätsführerschaft
Produkt-technologie	• Senkung der Produktkosten durch Optimierung der Produktbestandteile, z.B. ▸ Fertigungserleichterung ▸ Materialeinsparungen ▸ Standardisierung	• Erhöhung des funktionalen Mehrwertes eines Produktes, z.B. ▸ Erweiterung der Produktattribute ▸ Auf- und Ausbau von Serviceleistungen ▸ Variantenangebot
Produktions-technologie	• Senkung der Fertigungskosten durch neue Fertigungstechnologien und Lernkurveneffekte, z.B. ▸ Ressourceneinsparung ▸ Verringerung von Durchlaufzeiten ▸ Fertigungsstandardisierung	• Erhöhung der Produktqualität durch Optimierung der Fertigungsverfahren, z.B. ▸ Erzielung engerer Toleranzen ▸ Qualitätskontrolle ▸ Just-in-Time-Produktion

in Anlehnung an [PORT99b, S. 240; BULL94, S. 136; FRAU00, S. 17]

Bild 4-14: Zusammenhang zwischen Technologieausrichtung und Wettbewerbsstrategie

Ausgehend von den grundlegenden Zusammenhängen zwischen Wettbewerbs-, Technologiestrategie und technologischer Ausrichtung werden nun die Aktivitätenschwerpunkte für unterschiedliche Typen von Zielsystemen abgeleitet. Die Gegenüberstellung der Zielsysteme und der daraus resultierenden Aktivitätenschwerpunkte erfolgt in einer sogenannten Typologiematrix.

Typ 1: Kostenführer – Technologieführer

Fokus der Kostenführerschaft stellt die Produktion dar, d.h. alle Aktivitäten sind auf eine rationelle Fertigung auszurichten. Ziel des Technologieführers ist es dabei, unter Verwendung neuer Produktionstechnologien den kostengünstigsten Preis für sein Produkt am Markt zu realisieren. Um dies zu erreichen, stellt die Entwicklung und Konstruktion der Produktkomponenten einen Schwerpunkt der Aktivitäten dar. Fokus sind dabei allerdings nicht neue Funktionalitäten, sondern eine fertigungs- und montagegerechte Konstruktion, die zur Erschließung von Einsparpotenzialen in der Produktion beitragen. Im Hinblick auf die Produktionstechnologien bedarf es schwerpunktmäßig der Entwicklung neuer kostengünstiger Prozesse. Dies geht einher mit dem Scanning nach bisher nicht erkannten, potenziell Kosten sparenden Fertigungstechnologien sowie mit deren Bewertung zur Minimierung des Einführungsrisikos. Die kontinuierliche Optimierung der Produktion zur Ermittlung von Schwachstellen und Ableitung von Verbesserungsmaßnahmen ist ebenfalls von besonderer Bedeutung zur Senkung der Produktkosten als Technologieführer. Wird Technologieführerschaft zur Erzielung von Kostenführerschaft angestrebt, so bezieht sich die Technologieführerschaft primär auf die verwendeten Produktionstechnologien.

Typ 2: Qualitätsführer – Technologieführer

Die Kombination aus Qualitäts- und Technologieführerschaft zielt auf die Erzeugung eines Mehrwertes in Form von neuen Funktionen der Produkttechnologien und in einzigartiger Qualität durch eingesetzte Produktionstechnologien für den Kunden und dies zeitlich vor den Wettbewerbern ab. Dazu bedarf es erheblicher Forschungsanstrengungen, um bislang nicht bekannte wissenschaftliche Zusammenhänge in neuartige Produktfunktionen zu überführen. Neuartige Produkt- und Produktionstechnologien lassen sich als Technologieführer nicht durch alleiniges Beobachten des bekannten Unternehmensumfelds erschließen. Neben der eigenen Forschung ermöglicht vielmehr eine ungerichtete Suche (Scanning) nach nutzbaren Erkenntnissen z.B. innerhalb anderer Wirtschaftsbereiche eine Erweiterung der unternehmensspezifischen Problemlösungsfähigkeit, die sich wiederum in besseren Produkten widerspiegelt. Als Technologieführer bleibt jedoch stets das vergleichsweise hohe Risiko, z.B. den Marktbedürfnissen nicht entsprochen oder das Marktpotenzial überschätzt zu haben. Somit ist ein Schwerpunkt bei der kombinierten Qualitäts- und Technologieführerschaft auf die Bewertung von Produkt- und Produktionstechnologien zu legen. Je belastbarer die Informationsbasis bei technologischen Richtungsentscheidungen ist, desto überschaubarer ist das resultierende Risiko. Im Hinblick auf Produktionstechnologien richtet sich die Forschung und Entwicklung auf Verfahren zur Sicherstellung einer hohen bzw. einzigartigen Produktqualität, die innerhalb der Serienvorbereitung nachgewiesen werden muss. Somit stellt die Serienvorbereitung einen weiteren Aktivitätenschwerpunkt dar.

Typ 3: Kostenführer – Technologiefolger

Kostenführerschaft resultiert für den Technologiefolger aus dem Verzicht auf kostenintensive Forschung und Entwicklung sowie Marketing. D.h. aufbauend auf vorhandenem und verfügbarem technologischen Wissen wird versucht, ein Produkt kostengünstiger als der Pionier am Markt zu platzieren. Als Imitator ist ein Schwerpunkt der Aktivitäten auf die Beobachtung des Marktes zu legen. Dies bezieht sich allerdings im Wesentlichen auf den Pionier im Wettbewerb. Die Wettbewerbsanalyse richtet sich somit auf die Produkte und Fertigungsverfahren des Pioniers. Das Monitoring

Detaillierung des Technologie-Controllingkonzeptes

befasst sich mit der Suche nach verfügbarem technologischen Know-how, das ggf. durch Lizenzen erschlossen werden kann. Die Konstruktion ist als ein weiterer Schwerpunkt auf die Imitation der Pionierprodukte auszurichten. Dabei ist es nicht das Ziel, das Pionierprodukt eins zu eins zu kopieren. Vielmehr ist ein Produkt zu gestalten, das beispielsweise auch bei einem geringerem Umfang an Funktionalitäten und einer geringeren Qualität aufgrund des Preisvorteils einen Wettbewerbsvorteil gegenüber dem Technologieführer ermöglicht. Darüber hinaus ist im Hinblick auf die einzusetzenden Produktionsmittel ein Schwerpunkt auf die Analyse der eigenen Fähigkeiten zu legen. Somit wird sichergestellt, dass möglichst viele vorhandene Technologien weiter genutzt werden können und somit der Investitionsbedarf gering gehalten werden kann.

Typ 4: Qualitätsführer – Technologiefolger

Um als Technologiefolger zum Qualitätsführer im Hinblick auf die angebotenen Produkte zu werden, muss es Ziel sein, Pionierfehler zu eliminieren und die Produkte noch mehr als der Pionier auf die Kundenbedürfnisse anzupassen. Dazu bedarf es einer gezielten Analyse der Pionierprodukte zur Ermittlung von Pionierfehlern und des relevanten Marktes zur Ermittlung der Kundenbedürfnisse. Ein Aktivitätenschwerpunkt liegt im Weiteren auf der Entwicklung, die Möglichkeiten zur Eliminierung der Pionierfehler und Ideen für angepasstere Produktfunktionalitäten ermitteln muss. Ansatzpunkte können über die Aktivität des Feedback-to-desgins aufgezeigt werden, das einen weiteren Schwerpunkt darstellt. Hinsichtlich der Produktion versucht der Technologiefolger ebenfalls von den Erfahrungen des Technologieführers zu profitieren. Zu diesem Zweck sind im Rahmen einer Wettbewerbsanalyse Einblicke in die Fertigung des Pioniers zu erhalten. Somit können Ansatzpunkte für die eigenen Produktionsoptimierung identifiziert werden. Im Mittelpunkt steht dabei die Verbesserung der Produktqualität durch Anpassung der Prozesse und Fertigungstechnologien.

Abschließend muss nochmals erwähnt werden, dass grundsätzlich alle Aktivitäten des Arbeitsplans für das Technologiemanagement für jeden der beschriebenen Unternehmenszieltypen von Bedeutung sind. Die in der Typologiematrix (siehe Bild 4-15) dargestellten Schwerpunkte sollen den Anwender bei der Implementierung des Technologie-Controllingkonzeptes unterstützen, die für sein Unternehmen und die dazugehörige Zielrichtung die wesentlichen Aktivitäten auszuwählen, die es zu steuern und zu überwachen gilt. Nachdem diese Aktivitäten ausgewählt wurden, sind Kennzahlen zur Bewertung der Effizienz der Aktivitäten zu ermitteln. Dieser Aspekt ist Inhalt des Messgrößenmodells, das im folgenden Abschnitt beschrieben wird.

Detaillierung des Technologie-Controllingkonzeptes

		Wettbewerbsstrategie		
		Kostenführerschaft	Qualitätsführerschaft	
Technologiestrategie	Technologieführer	**Typ 1** • Entwicklung und Konstruktion (z.B. fertigungs- und montagegerechte Bauteile) --- • Scanning nach kostengünstigen Produktionsverfahren • Technologiebewertung (Fokus: Kosten) • Entwicklung von kostengünstigen Prozessen • Produktionsoptimierung zur Kostensenkung	**Typ 2** • Scanning • Technologiebewertung • Forschung und Entwicklung • Feedback-to-design (Optimierung der Produktfunktionalitäten) --- • Scanning nach leistungsfähigen Produktionsverfahren • Technologiebewertung (Fokus: zu erzielende Produktqualität) • Forschung und Entwicklung von Prozessen (Fokus: Produktqualität) • Serienvorbereitung	Produkt / Produktion
	Technologiefolger	**Typ 3** • Wettbewerbsanalyse z.B. zur Ermittlung der Erfahrungen des Pioniers • Monitoring (z.B. Suche nach Pionierprodukten) • Konstruktion (Fokus: Imitation) --- • Wettbewerbsanalyse z.B. zur Ermittlung der Erfahrungen des Pioniers • Interne Analyse (Bestimmung von technologischen Fähigkeiten)	**Typ 4** • Wettbewerbsanalyse z.B. zur Ermittlung der Kundenbedürfnisse • Entwicklung z.B. zur Eliminierung von Pionierfehlern • Feedback-to-design z.B. zur Eliminierung von Pionierfehlern --- • Wettbewerbsanalyse z.B. zur Ermittlung von Fertigungspotenzialen • Produktionsoptimierung zur Steigerung der Fertigungsqualität	Produkt / Produktion
				Technologieausrichtung

Bild 4-15: Typologiematrix zur Zuordnung von Aktivitätenschwerpunkten

4.4 Messgrößenmodell

Nachdem in den vorangegangenen Kapiteln die Aktivitäten innerhalb des Technologiemanagements zusammengestellt wurden und über die Typologiematrix ein Hilfsmittel zur Auswahl eines unternehmensspezifischen Aktivitätenbündels bereitgestellt wurde, ist im nächsten Schritt ein Verfahren zu entwerfen, das es ermöglicht, die Qualität der Durchführung der einzelnen Aktivitäten zu ermitteln. Ziel ist es somit, für jede unternehmensspezifische Aktivität des Technologiemanagements eine unternehmensspezifische Kennzahl zur Überprüfung der Zielerreichung und somit der Qualität der Durchführung zu identifizieren. Dabei ist jede Aktivität im Gesamtkontext aller durchzuführenden Aktivitäten, im Sinne eines Prozesses, zu betrachten. Unter Prozess werden in diesem Zusammenhang inhaltlich abgeschlossene Erfüllungsvorgänge (Aktivitäten), die in einem logischen inhaltlichen Zusammenhang stehen, verstanden [GAIT93, S. 85].

Ziele bilden den Ausgangspunkt für den Aufbau von Controllingsystemen [REIC01, S. 3]. Dabei zeigt sich grundsätzlich das Problem der Quantifizierung der Ziele des Technologiemanangements. Ursache hierfür ist das Dilemma der Unsicherheit, das sich beispielsweise in dem Nichtvorhandensein von quantifizierten Risiken als Ausgangspunkt des Technologiemanagements zeigt. Eine Lösung für die mangelnde Quantifizierbarkeit existiert nicht [STRE03, S. 137]. Allerdings muss das Technologiemanagement nicht auf die Erzielung eines (nicht quantifizierbaren) Optimalwertes ausgerichtet werden. Vielmehr liegt der Fokus auf der Erreichung eines aus Sicht des Unternehmens zufrieden stellenden Anspruchsniveaus [STAE99, S. 488]. Dieses ergibt sich aus den Kenntnissen, Einstellungen und der Motivationsstruktur eines Unternehmens [STRE03, S. 137]. Vor diesem Hintergrund richtet sich das Messgrößenmodell auf das zufrieden stellende Anspruchsniveau von Unternehmen und fördert die Ableitung von auf Aktivitäten bezogenen Zielen.

Die Quantifizierung erfolgt in Form von Kennzahlen[12]. Laut Definition handelt es sich bei Kennzahlen um Daten, die quantitative erfassbare Sachverhalte in konzentrierter Form erfassen und über ein metrisches Skalenniveau messbar machen [STIP99, S. 285]. Kennziffern, Kenngrößen, Metriken, Kontrollzahlen, Indices oder Merkmale stellen weitere Bezeichnungen dar. Mit Hilfe von Kennzahlen werden Entscheidungsträger in Unternehmen in die Lage versetzt, sich schnell und umfassend einen Überblick über den Stand eines Unternehmens und dessen Prozesse zu verschaffen [SIEG98, S. 15; STIP99, S. 285; WEBE04, S. 241]. Ein Problem stellt dabei die richtige Auswahl an Kennzahlen dar [KRAL89, S. 21]. Es muss sichergestellt sein, dass nur relevante Kennzahlen berücksichtigt werden. Die Kombination verschiedener Kennzahlen, die auf einen einheitlichen Sachverhalt ausgerichtet sind, wird als Kennzahlensystem bezeichnet [WEBE04, S. 242].

Beide dargestellten Aspekte der Zieldefinition für einzelne Aktivitäten sowie die Ableitung und Priorisierung von relevanten Kennzahlen sind Inhalte des Messgrößenmodells, das im Weiteren detailliert wird.

4.4.1 Aktivitätenbezogene Zieldefinition

Jede Aktivität des Technologiemanagements steht in Zusammenhang mit anderen Aktivitäten und stellt entweder einen Ergebnislieferanten oder -empfänger dar. D.h. im Sinne einer internen Kunden-Lieferantenbeziehung existieren unterschiedliche Forderungen an einzelne Aktivitäten, die es zu analysieren gilt, um eindeutige Zielsetzungen für die Aktivitäten abzuleiten. Zu diesem Zweck wird die von PREFI

---

[12] Zur Charakterisierung von Kennzahlen wird auf [KÜPP01, S. 341 ff.; WEBE04, S. 242 ff.] verwiesen.

[PREF95] entwickelte und von SCHEERMESSER [SCHE03] erweiterte Prozessstrukturmatrix adaptiert. Diese Darstellungsform ermöglicht es, Forderungen einer Aktivität an vorgelagerte und nachgelagerte Aktivitäten zu erfassen.

Im ersten Schritt sind daher für die betrachteten Aktivitäten die wesentlichen Schnittstellen zu benennen. Als Schnittstellenübergänge sind jene Bereiche zu verstehen, an denen die Verantwortung für die Bearbeitung einzelner Prozessschritte wechselt oder aussagekräftige Zwischenergebnisse abgeliefert werden müssen. In der Regel durchlaufen die einzelnen Aktivitäten des Technologiemanagements mehrere Abteilungen oder Arbeitsgruppen innerhalb eines Unternehmensbereiches (siehe Rollenmodell). Es ist sinnvoll, die einzelnen Prozessschrittverantwortungsbereiche durch ein Modellbild darzustellen sowie alle möglichen Schnittstellenübergänge durch eine matrixartige Darstellung zu visualisieren. Diese Matrix wird als Prozessstrukturmatrix bezeichnet (PSM). Dabei werden auf der Diagonalen die einzelnen Aktivitäten, gemäß der logischen Zwangsfolge des Arbeitsplanes für das Technologiemanagement, aufgetragen (siehe Bild 4-16). Eine Prozessstrukturmatrix kann sowohl für eine übergeordnete Aktivitätenabfolge, als auch auf einer detaillierteren Ebene in Form von Unterprozessstrukturmatrizen aufgebaut werden [PFEI01, S. 56 ff.].

Oberhalb der Diagonalen werden die erwarteten Aktivitätenergebnisse im Hinblick auf die nachgelagerten Aktivitäten eingetragen, während unterhalb die erwarteten Ergebnisse der vorgelagerten Aktivitäten festgehalten werden. D.h. es werden die Forderungen eines internen Kunden an die einzelnen Aktivitäten dokumentiert. Daraus resultiert der Vorteil, dass nicht nur die Forderungen benachbarter Aktivitäten berücksichtigt werden. In der Produkterstellung hätte dies beispielsweise die Folge, dass in der Entwicklung Bauteilmerkmale festgelegt werden, die zwar in der nachfolgenden Aktivität der Produktion einfach zu realisieren sind, jedoch in der anschließenden Montage zu enormen Problemen aufgrund fehlender Berücksichtigung von Montageanforderungen führen kann. Die Forderung der Montage nach einer montagegerechten Konstruktion blieben somit unbeachtet. Die Prozessstrukturmatrix ermöglicht also eine Darstellung und Analyse sämtlicher Forderungen an die Aktivitäten. Das bedeutet allerdings nicht, dass alle Felder der Matrix mit Forderungen gefüllt sein müssen. Vielmehr ermöglicht die Matrix die systematische Analyse aller Einträge, so dass keine Forderung übersehen wird [SCHE03, S. 33 f.].

Am Ende einer Aktivitätenabfolge steht die Gesamtleistung, die das Resultat aus der Gesamtheit der Einzelaktivitäten darstellt. Der Endabnehmer ist dabei der letzte Adressat der Gesamtleistung. Im Rahmen des Technologiemanagements stellt dieser Endabnehmer zumeist einen internen Adressaten dar. Dies können z.B. die

Unternehmensleitung oder benachbarte Unternehmensbereiche sein. Zur Erfassung der Forderungen dieser Stakeholder des betrachteten Prozesses wird die Prozessstrukturmatrix um eine Spalte ergänzt, in der die Forderungen des Endabnehmers der Gesamtleistung an die einzelnen Aktivitäten eingetragen werden.

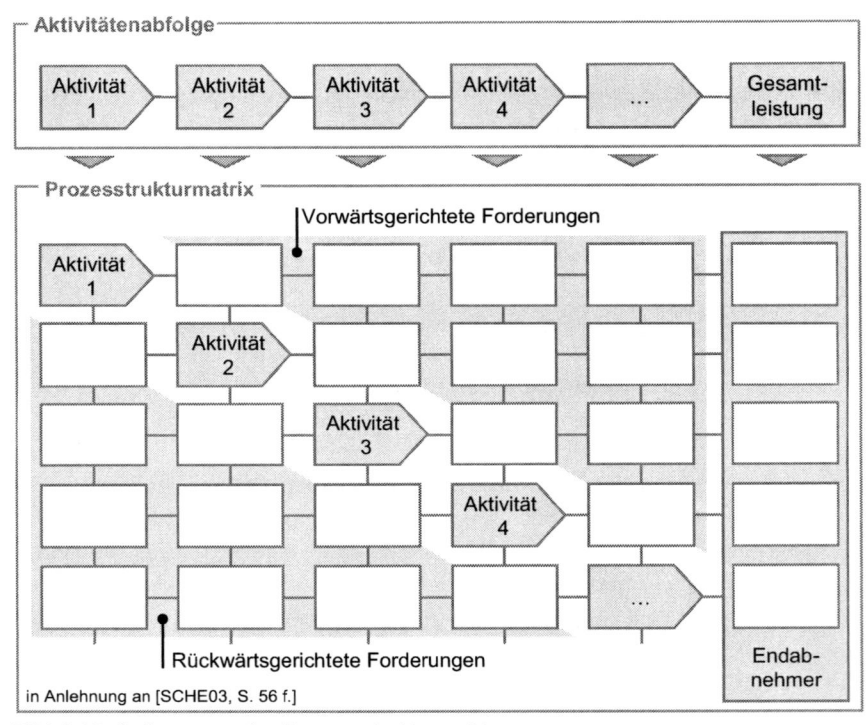

Bild 4-16: Aufspannen der Prozessstrukturmatrix

Im zweiten Schritt werden die geforderten Leistungen sowie deren optimale Ausprägungen ermittelt. Zu diesem Zweck sind Interviews mit den Prozessbeteiligten bzw. Aktivitätenverantwortlichen durchzuführen. Jeder Aktivitätenverantwortliche gibt dabei genau an, welche Einzelforderungen er an die anderen Aktivitäten hat. Diese Forderungen stellen Eingangsinformationen dar, die benötigt werden, um eine Aktivität durchzuführen. Dabei kann es sich um Informationen in schriftlicher, mündlicher und elektronischer Form handeln. Die Forderungen werden schnittstellenbezogen dargestellt. Bei der Befragung empfiehlt es sich, von hinten nach vorne innerhalb der Aktivitätenabfolge vorzugehen. D.h., dass zunächst der Endabnehmer nach seinen Forderungen und anschließend die Aktivitätenverantwortlichen entgegen des Prozessablaufs befragt werden. Dies ermöglicht es, ausgehend von der erwarteten

Gesamtleistung eine zielgerichtete Ausformulierung der Forderungen an die Teilaktivitäten durchzuführen [SCHE03, S. 56 f.]. Zu jeder Forderung ist darüber hinaus die optimale Ausprägung zu erfassen. Darunter ist eine detaillierte Beschreibung der Art und Weise der Leistungserbringung zu verstehen. Während in den meisten Fällen Klarheit darüber besteht, was als Einzelergebnis einer Aktivität zustande kommen muss, wissen die wenigsten Prozessbeteiligten, in welcher Form dieses Ergebnis vorliegen muss, damit der Prozesspartner einfach und ohne Zusatzaufwand damit weiterarbeiten kann. Ein solcher Zusatzaufwand erhöht die Bearbeitungsdauer der Aktivitäten und stört damit den reibungslosen Ablauf [SCHE03, S. 58 ff.]. Die geforderte Leistung in Verbindung mit deren optimaler Ausprägung stellen die Ziele für die einzelnen Aktivitäten dar.

4.4.2 Aktivitätenbezogene Kennzahldefinition und -priorisierung

Nachdem die geforderten Ergebnisse und deren optimalen Ausprägungen ermittelt wurden, können daraus Kennzahlen abgeleitet werden. Insbesondere die optimalen Ausprägungen geben Hinweise auf die Dimension der Kennzahlen. Dabei lassen sich drei Kategorien erkennen [SCHE03, S. 60]:

- Zeitliche Ausprägungen
  Optimale Ausprägungen, die sich auf zeitliche Aspekte beziehen, wie beispielsweise „schnell", „zügig", „immer", „sofort" oder „unmittelbar", sind in zeitlich orientierten Kennzahlen abzubilden. Hier bieten sich somit Kennzahlen an, die sich auf Zeiträume beziehen, wie z.B. die Dauer einer Aktivität oder der Zeitraum zwischen einzelnen Aktivitäten.

- Genauigkeitsbezogene Ausprägungen
  Oftmals steht die Genauigkeit einer Leistungsanforderung im Zentrum der Betrachtung. D.h. ein bestimmter Wert ist als optimale Ausprägung benannt. Als Kennzahl bietet sich dann die Differenz zu diesem optimalen Wert an. Ist diese Differenz nicht zu quantifizieren, kann die Häufigkeit der Nichterreichung des optimalen Wertes als Kennzahl herangezogen werden.

- Inhaltliche Ausprägungen
  Einige Leistungsforderungen beziehen sich auf die Inhalte der erwarteten Ergebnisse. Aktualität, Detaillierungsgrad, Richtigkeit oder Vollständigkeit sind neben anderen mögliche Anforderungen. An dieser Stelle ist zu hinterfragen, wie das gewünschte Ergebnis genau auszusehen hat, so dass eine konkrete Kennzahl den gewünschten Status wiedergeben kann.

Die beschriebenen Kategorien sollen allerdings nicht suggerieren, dass für jede Leistungsforderung bzw. optimale Ausprägung eine quantifizierbare Kennzahl identi-

Detaillierung des Technologie-Controllingkonzeptes

fiziert werden kann. Manche Forderungen beziehen sich beispielsweise auf notwendige Voraussetzungen oder einen Prozessverlauf. Diese Forderungen stellen somit Hinweise für eine optimale Gestaltung der Aktivitätenabfolge dar [SCH03, S. 60 ff.]. Aus diesem Grund wird innerhalb der Arbeit zwischen Gestaltungsmerkmalen und Steuerungsmerkmalen unterschieden. Letztere stellen quantifizierbare Kennzahlen dar und stehen im Fokus des systembildenden Technologie-Controllingkonzeptes. Zur Veranschaulichung ist in Bild 4-17 die beschriebene Vorgehensweise anhand eines Beispiels dargestellt.

Beispielabfolge

Interne Analyse → Früherkennung → Planung → Realisierung → Transfer → Einsatz

Beispiel-PSM

Forderungstabelle

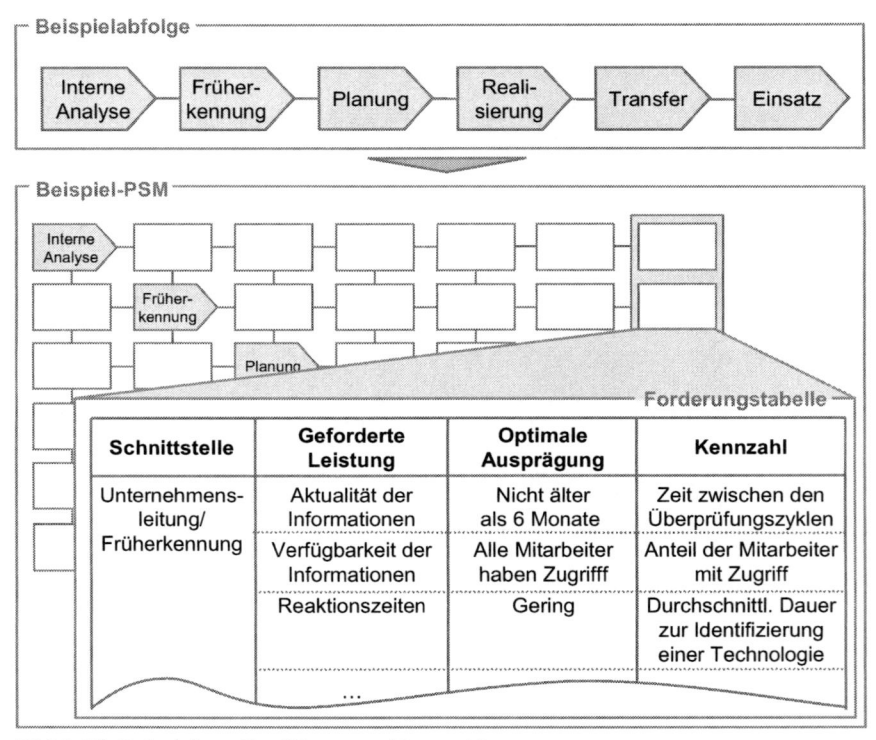

Schnittstelle	Geforderte Leistung	Optimale Ausprägung	Kennzahl
Unternehmensleitung/ Früherkennung	Aktualität der Informationen	Nicht älter als 6 Monate	Zeit zwischen den Überprüfungszyklen
	Verfügbarkeit der Informationen	Alle Mitarbeiter haben Zugrifff	Anteil der Mitarbeiter mit Zugriff
	Reaktionszeiten	Gering	Durchschnittl. Dauer zur Identifizierung einer Technologie

Bild 4-17: Beispiel zur Ermittlung von Kennzahlen

Zur Vereinfachung wurde dabei ein Beispielprozess aus den Modulen des Aktivitätenmodells zusammengestellt. Die Darstellung zeigt den Prozess auf einem abstrakten Niveau, die daraus resultierende Prozessstrukturmatrix sowie die Forderungstabelle zur Aufnahme der jeweiligen Forderungen, optimalen Ausprägungen und zugehörigen Kennzahlen. Innerhalb des Beispiels wird auf die Schnittstelle Endabnehmer, in diesem Falle die Unternehmensleitung, und dem Teilprozess der Früherkennung fokussiert. So fordert die Unternehmensleitung von der Aktivität Früherkennung beispielsweise, dass alle technologischen Informationen aktuell sind. Als optimal wird in diesem Beispiel ein Alter der Informationen kleiner als 6 Monate angesehen. Daraus lässt sich eine Kennzahl „Zeit zwischen den Aktualisierungszyklen" ableiten. Es existieren darüber hinaus noch eine Vielzahl an weiteren Forderungen, die mit Hilfe der dargestellten Vorgehensweise schnittstellenbezogen und systematisch erfasst werden können.

Ergebnis der dargestellten Vorgehensweise ist eine Vielzahl an schnittstellenbezogenen Kennzahlen, die für den jeweiligen Anwendungsfall mehr oder weniger von Bedeutung sind. Aus diesem Grund ist eine Priorisierung der Kennzahlen vorzunehmen. Die Erfahrung zeigt, dass eine ausgewogene Anzahl an Kennzahlen erfolgsentscheidend für ein Kennzahlensystem ist. Dabei beeinträchtigt eine hohe Anzahl an Kennzahlen die Übersichtlichkeit und somit die Akzeptanz des Systems. Eine zu geringe Anzahl an Kennzahlen wirkt sich ggf. negativ auf dessen Aussagekräftigkeit aus. In der Praxis hat sich deshalb eine Anzahl zwischen 10 und 20 Kennzahlen durchgesetzt. Ein Problem stellt somit die Auswahl der richtigen Kennzahlen dar [KRAL89, S. 21]. Aufgrund der Einfachheit und des hohen Verbreitungsgrad wird zur Kennzahlenauswahl die Nutzwertanalyse eingesetzt. Ein wesentlicher Schritt der Nutzwertanalyse[13] ist die Auswahl aussagekräftiger Bewertungskriterien. In der Literatur finden sich eine Vielzahl an möglichen Anforderungen an Kennzahlen, die als Bewertungskriterien herangezogen werden. Vor dem Hintergrund der Handhabbarkeit erfolgt die Kennzahlauswahl auf Basis von sechs Bewertungskriterien, die sich in inhaltliche und formale Kriterien unterscheiden.

Die formalen Kriterien zielen auf die grundsätzliche Nutzbarkeit der Kennzahlen, ohne deren kontextbezogene Aussagekräftigkeit zu berücksichtigen, ab. Das Kriterium der Steuerungsrelevanz richtet sich dabei auf die Eignung einer Kennzahl zur Steuerung der Zielerreichung. Dies beinhaltet zum einen die Fähigkeit zur Sichtbarmachung von Handlungsbedarfen und zum anderen die Möglichkeit zur Beeinflussung der Kennzahl. Die Messbarkeit drückt die Wirtschaftlichkeit der Kennzahlerhebung aus. Hier ist die Frage zu beantworten, ob eine Kennzahl bei einem adäquaten Aufwand überhaupt erhoben werden kann. Die Akzeptanz einer Kennzahl zeichnet sich durch Realitätsnähe und Verständlichkeit bzw. Nachvollziehbarkeit aus.

Des Weiteren ist zur Beurteilung der Relevanz einer Kennzahl deren inhaltliche Aussage von Bedeutung. Im Rahmen des Technologie-Controllingkonzeptes wird dabei

---

[13] Eine Erläuterung der Nutzwertanalyse ist im Anhang dargestellt.

Detaillierung des Technologie-Controllingkonzeptes

auf die Kriterien Kosten-, Qualitäts- und Zeiteinfluss fokussiert. Ziel ist es, diejenigen Kennzahlen zu identifizieren, die sich auf Kernaspekte des Technologiemanagements und nicht auf sogenannte „Nebenkriegsschauplätze" beziehen. Kosten der Leistungserstellung, die Qualität der Arbeitsergebnisse und die benötigte Zeit zur Leistungserstellung sollten somit im optimalen Fall durch die Kennzahlen erfasst werden. Im Anschluss an die Gewichtung der Bewertungskriterien, der Beurteilung der Kennzahlen je Bewertungskriterium und der Aggregation der Einzelbewertungen zum Gesamtnutzen erfolgt die Darstellung der Ergebnisse in einem Portfolio. Auf Basis des Portfolios können somit die nutzbarsten und aussagekräftigsten Kennzahlen identifiziert und für die Ausgestaltung des Controllingrahmens (siehe Kapitel 4.6) vorgeschlagen werden.

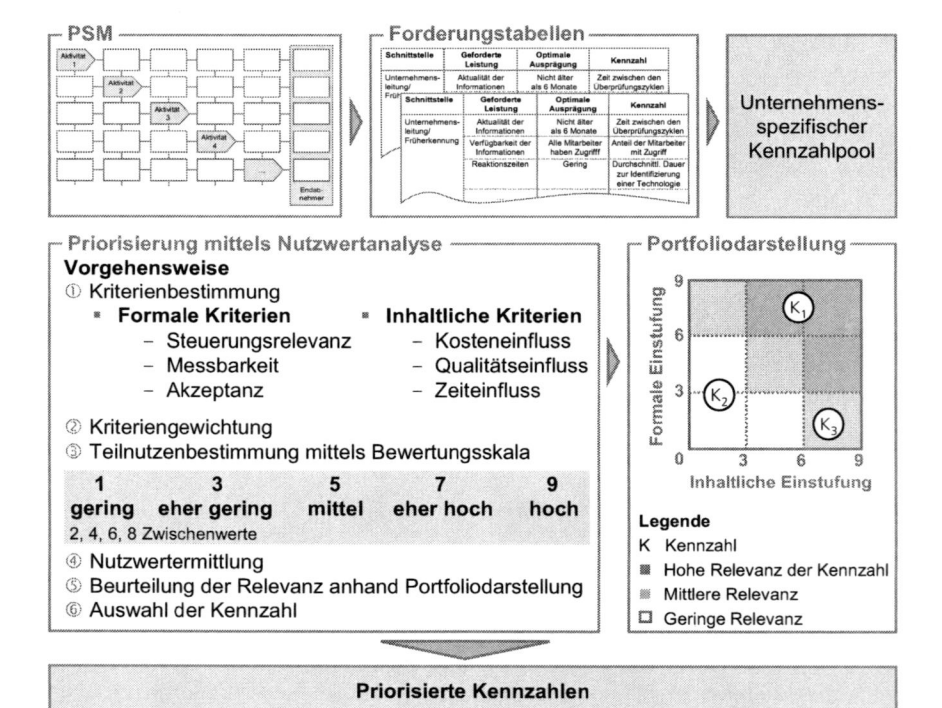

Bild 4-18: Vorgehen zur Kennzahlpriorisierung

In Bild 4-18 ist das Vorgehen zur Kennzahlpriorisierung im Überblick dargestellt. Ausgehend von einer oder mehreren Prozessstrukturmatrizen und den zugehörigen Forderungsmatrizen erfolgt das Zusammenstellen eines unternehmensspezifischen Kennzahlpools. Zur Eingrenzung der Kennzahlenanzahl erfolgt die Priorisierung der relevantesten Kennzahlen mit Hilfe einer Nutzwertanalyse und einem Portfolio. Somit ist das Messgrößenmodell in der Lage, für unternehmensspezifische Prozessabfolgen des Technologiemanagements aussagekräftige Kennzahlen herzuleiten, zu priorisieren und für den Controllingrahmen bereitzustellen.

4.5 Rollenmodell

Vor dem Hintergrund der begrenzten Kapazität für die Informationsgewinnung und -verarbeitung ist die Wahrnehmung der Gesamtaufgabe eines Unternehmens im Sinne einer interpersonellen Arbeitsteilung in handhabbare Teilaufgaben zu zerlegen und deren Zuordnung zu verschiedenen Entscheidungseinheiten bzw. Funktionseinheiten vorzunehmen. Diese Funktionseinheiten verfügen über die notwendigen Kompetenzen zur Durchführung einer Aufgabe [FRES96, S. 3-1]. Die Organisationsstruktur, im Sinne einer Aufbaustruktur, eines Unternehmens stellt somit eine handlungsorientierte Segmentierung von Kompetenzen in Funktionen dar [GABL97, S. 1420]. Ausgehend von den Randbedingungen eines Unternehmens, z.B. im Hinblick auf das Produktspektrum, die Unternehmensgröße oder der Wettbewerbsposition, lassen sich eine Vielzahl unterschiedlicher Organisationsformen unterscheiden. D.h. die Segmentierung in Funktionseinheiten ist auf die spezifischen Erfordernisse eines Unternehmens zugeschnitten.

Die Fragestellung, wer bzw. welcher Funktionsbereich für die Durchführung der zuvor beschriebenen technologieorientierten Aufgaben verantwortlich ist, lässt sich somit zunächst nicht allgemeingültig beantworten, da jedes Unternehmen eine spezifische Unternehmensstruktur aufweist. Vor diesem Hintergrund bedarf es eines Hilfsmittels zur Beschreibung spezifischer Unternehmensorganisationen auf einem einheitlichen Abstraktionsniveau. Dies ist die Aufgabe des Rollenmodells. Anschließend ermöglicht dies die Zuordnung von technologieorientierten Aktivitäten zu Funktionsbereichen, die über das Rollenmodell auf spezifische Unternehmen übertragen werden können.

Verständlicherweise ist der Kern des Technologiemanagements in den Bereichen FuE und der Produktion angesiedelt. Dies zeigt auch der Bezugsrahmen für das Technologiemanagement nach SCHUH (siehe Bild 4-19). Nach SCHUH stehen vorhandene und zukünftige Produkte sowie deren Herstellung im Mittelpunkt des Technologiemanagements. Aus diesem Grund finden sich in der Mitte der Darstellung die Produktentstehung und die Produktion als zentrale Prozessabläufe. Ausgehend von der Vorentwicklung erfolgt die Produktentwicklung. Diese beinhaltet als wesentliche Elemente die Produkttechnologieentwicklung und die dazugehörige Prozessentwicklung. Nach der Etablierung eines Produktes am Markt beginnt die

Produktpflege, in der Optimierungen angestoßen werden. Die Produktion ist gegliedert in die Arbeitsvorbereitung, die Fertigung und die Montage. Überlagert werden beide Prozesse durch das Qualitätsmanagement und das Informationsmanagement. Diese liegen zwar nicht im Fokus des Technologiemanagements, finden ihre Berücksichtigung jedoch in der Qualitätstechnik und der Informationstechnologie. Um den Fokus des Technologiemanagements herum werden Unternehmensfunktionen aufgeführt, die Schnittstellen zum Technologiemanagement darstellen. Dazu zählen das Marketing, der Vertrieb, das Personal, der Service, die Logistik und das Controlling. Diese sind zwar nicht unmittelbarer Bestandteil des Technologiemanagements, sind jedoch für die Durchführung einzelner Aufgaben bzw. für die Bereitstellung spezifischer Fachinformationen von Bedeutung.

Legende:
Fett = Fokus des Technologiemanagements
Kursiv = Schnittstellen des Technologiemanagements

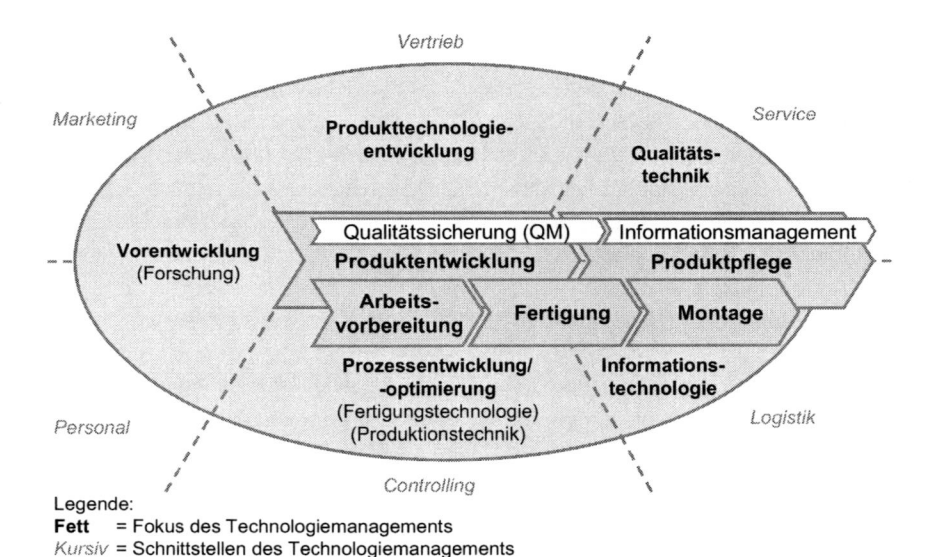

Bild 4-19: Bezugsrahmen für das Technologiemanagement in Anlehnung an SCHUH

Der Bezugsrahmen nach SCHUH gibt somit einen Überblick über die technologierelevanten Bereiche eines Unternehmens. Darauf inhaltlich aufbauend erfolgt im Weiteren die Entwicklung eines Rollenmodells zur unternehmensunabhängigen Zuordnung von Rollen zu den Aktivitäten des Technologiemanagements. Durch die Spiegelung der Rollen an unternehmensspezifischen Funktionsbereichen kann anschließend die Übertragung der Aktivitäten auf die korrespondierenden Funktionsbereiche erfolgen. Zur Sicherstellung, dass keine technologierelevanten Rollen vernachlässigt werden, erfolgt die Entwicklung des Rollenmodells entlang der Wertschöpfungskette eines Unternehmens nach PORTER.

Detaillierung des Technologie-Controllingkonzeptes

Die Wertschöpfungskette nach PORTER (siehe Bild 4-20) dient dazu, kosten- und leistungsbeeinflussende Aktivitäten eines Unternehmens zu systematisieren. Diese Wertaktivitäten werden von Unternehmen ausgeführt, um ein Produkt zu schaffen. Jede der dazu notwendigen Tätigkeiten kann nach PORTER einen Beitrag zur relativen Kostenposition eines Unternehmens leisten und eine Differenzierungsbasis schaffen [PORT99b, S. 63]. Primäre Aktivitäten stehen dabei in direkter Verbindung zum erzeugten Produkt. Dabei handelt es sich um die Wertaktivitäten Eingangslogistik, Operationen, Marketing und Vertrieb, Ausgangslogistik sowie Kundendienst. Diese werden durch die Aktivitäten der Kategorien Unternehmensinfrastruktur, Personalwirtschaft, Technologieentwicklung und Beschaffung unterstützt [PORT99b, S. 69].

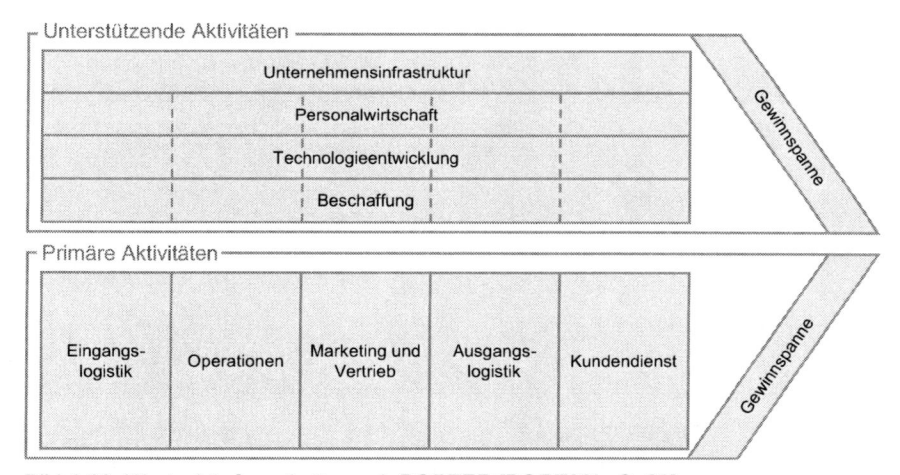

Bild 4-20: Wertschöpfungskette nach PORTER [PORT99b, S. 69]

Der Detaillierungsgrad der Wertaktivitäten nach PORTER ist für die vorliegende Aufgabenstellung, der differenzierenden Zuordnung von Aktivitäten des Technologiemanagements zu Funktionsbereichen, zu gering. Aus diesem Grund werden im Folgenden die Wertaktivitäten nach Porter kurz beschrieben und vor dem Hintergrund der skizzierten Aufgabenstellung detailliert. Dabei wird ein Detaillierungsgrad gewählt, der eine Einschätzung der Relevanz der Subwertaktivität im Hinblick auf das Technologiemanagement bestimmen zu können. Dies erfolgt nicht unter dem Postulat der Vollständigkeit, sondern es wird vielmehr im Sinne der Handhabbarkeit des Rollenmodells auf die wesentlichen Tätigkeiten fokussiert. Dabei wird in klassische Aufgaben und in Schnittstellenaufgaben des Technologiemanagements unterschieden.

Detaillierung des Technologie-Controllingkonzeptes

Beginnend mit den primären Aktivitäten wird zunächst auf die Wertaktivität Eingangslogistik eingegangen. Unter dieser Bezeichnung werden alle Tätigkeiten, die im Zusammenhang mit dem Empfang, der Lagerung und der Distribution von Betriebsmitteln für ein Produkt stehen, subsumiert [PORT99b, S. 70]. Die Eingangslogistik entspricht im Wesentlichen der Bezeichnung Beschaffungslogistik als ein Subelement der Logistik. Weitere Subelemente der Logistik sind die Produktionslogistik, Distributionslogistik und Entsorgungslogistik [WILD96, S. 15-1]. In der Literatur werden der Beschaffungslogistik folgende Elemente zugeordnet: Materialdisposition, Warenannahme, Warenprüfung, Einlagerung, Lagerhaltung (ohne Fertigteillagerung), innerbetrieblicher Transport, Bereitstellung und Materialflussplanung [RÜTT00, S. 4]. Innerhalb dieser Elemente können zwar Technologien genutzt werden, im Gesamtkontext eines Unternehmens sind diese, mit Ausnahme der Materialflussplanung und somit der innerbetrieblichen Logistik, jedoch von untergeordneter Bedeutung. D.h. aus dem Bereich der Eingangslogistik werden überwiegend keine wesentlichen Informationen für das Technologiemanagement generiert und auch keine technologierelevanten Aktivitäten übernommen. Die innerbetriebliche Logistik hingegen kann einen wesentlichen Einfluss auf die Produktionsmittel und -abläufe haben und wird oftmals durch erheblichen Technologieeinsatz geprägt. Innerhalb dieser Arbeit wird die innerbetriebliche Logistik der Wertaktivität Operationen zugeordnet, so dass aus dem Bereich der Eingangslogistik keine technologierelevanten Elemente im Rollenmodell berücksichtigt werden.

Fokus der Wertaktivität Operationen ist die Produktion. Dies beinhaltet die vom Menschen gelenkte Umwandlung der Inputs (in Form von Arbeitskräften, technischen Anlagen, Material, Energie und Dienstleistungen) in die endgültige Produktform [PORT99b, S. 70]. Hier wird in Arbeitsvorbereitung, Fertigung, Montage, Qualitätssicherung und Instandsetzung unterschieden [EVER96b, S. 16 f.]. Die Arbeitsvorbereitung fokussiert auf die Planung und Steuerung der Herstellungsprozesse. Dabei wird zum einen festgelegt, was, wie und womit hergestellt werden soll, und zum anderen, wie viel, wann und von wem herzustellen ist [EVER96a, S. 7-73]. Das Technologiemanagement ist somit ein zentraler Aspekt der Arbeitsvorbereitung, da hier die einzusetzenden Fertigungstechnologien ausgewählt und die Prozessparameter festgelegt werden. Darüber hinaus ist der Einsatz neuer Technologien bzw. deren Optimierung ein wesentlicher Aspekt der Arbeitsvorbereitung. Ähnliches gilt für die Fertigung, in der einzelne Bauteile eines Produktes hergestellt werden, und die Montage, in der der Zusammenbau der Einzelteile zum Gesamtprodukt erfolgt. Ein Produkt gilt in der Regel als fertig, wenn die Prüfung durch die Qualitätssicherung erfolgreich abgeschlossen wurde. Sowohl die Ergebnisse der Qualitätssicherung als auch die

Erkenntnisse der Instandsetzung bieten wichtige Eingansinformationen für das Technologiemanagement.

Die Ausgangslogistik beinhaltet sämtliche Aufgaben, die im Zusammenhang mit der Sammlung, Lagerung und physischen Distribution von Fertigteilen an die Abnehmer stehen [PORT99b, S. 71]. Sie korrespondiert gemäß der Logistikdefinition mit den Subelementen Distributionslogistik und Entsorgungslogistik. Die Distributionslogistik umfasst die Materialflussbeziehungen zwischen dem Produzenten und Abnehmer [WILD96, S. 15-69]. Dies beinhaltet die Tätigkeiten der Warenverteilung, Lagerstandortwahl, Lagerhaltung für Fertigteile, Versandauftragsabwicklung, Verpackung, Warenausgang/Versand und Ladungssicherung [RÜTT00, S. 5]. Die Entsorgungslogistik hat das Ziel, geschlossene Kreislaufsysteme zu etablieren [WILD96, S. 15-92]. Bei den dazugehörigen Tätigkeiten handelt es sich um die Sammlung, Trennung, Lagerung, den Transport und die Deponierung der Produktionsabfälle [RÜTT00, S. 5]. Der Beitrag der Wertaktivitäten der Ausgangslogistik ist von untergeordneter Bedeutung für das Technologiemanagement, so dass auf deren Einbeziehung in das Rollenmodell verzichtet wird.

In der Wertaktivität Marketing und Vertrieb werden Aufgaben zusammengefasst, die darauf hinzielen, dass potenzielle Abnehmer ein Produkt kaufen bzw. zu dessen Kauf verleitet werden [PORT99b, S. 71]. Einzubeziehen sind hier Werbung, Angebotserstellung, Marktbeobachtungen, Außendienst, Vertriebswege und Preisgestaltung. Von besonderer Bedeutung für das Technologiemanagement sind Marktbeobachtungen, auch Marktforschung genannt. Diese zielen darauf ab, Kundenprobleme, Kundenverhalten, Verhalten der Wettbewerber etc. zu identifizieren und somit unter anderem Rückschlüsse auf die technologische Ausrichtung eines Unternehmens zu ziehen [GABL97, S. 2543 f.]. Der direkte Draht zum Kunden wird dabei durch den Außendienst aufrechterhalten und bietet eine für das Technologiemanagement zu nutzende Informationsbasis.

Der Kundendienst bezieht sich auf Tätigkeiten, die im Zusammenhang mit Dienstleistungen, die ein Hersteller seinen Abnehmern vor dem Kauf (Pre-Sales-Service), kaufbegleitend oder nach dem Kauf (After-Sales-Service) anbietet [GABL97, S. 2334]. Zur eindeutigen Abgrenzung von Marketing und Vertrieb wird im Folgenden innerhalb der Wertaktivität Kundendienst auf den After-Sales-Service fokussiert, der zur Förderung oder Werterhaltung eines Produktes angeboten wird [PORT99b, S. 71]. Der Kundendienst variiert dabei in Abhängigkeit vom Endprodukt. So lassen sich beispielsweise die Dienstleistung der Investitionsgüterindustrie einteilen in Montage, Inbetriebnahme, Instandsetzung/Reparatur, Inspektion/Wartung, Ersatzteilversor-

Detaillierung des Technologie-Controllingkonzeptes

gung und Schulung [EVER00a, S. 10]. Für das Technologiemanagement sind dabei diejenigen Bereiche interessant, die einen direkten Kontakt zu den Produkten im Feld und somit Erkenntnisse über potenzielle Produktverbesserungen ermöglichen. Vor diesem Hintergrund werden für das Rollenmodell die Aktivitäten Reparatur, in der Defekte behoben und technische Fehler ermittelt werden, und Reklamation, die als Schnittstelle zum Kunden mögliche Verbesserungspotenziale aufzeigt, übernommen. Beide Elemente stellen dabei Informationen bereit, die durch das Technologiemanagement genutzt werden können.

Die Infrastruktur eines Unternehmens besteht aus einer Reihe von Tätigkeiten, die den unterstützenden Aktivitäten zugeordnet werden. Die Unternehmensinfrastruktur trägt in der Regel die gesamte Wertekette und nicht einzelne Wertaktivitäten. Zur Unternehmensinfrastruktur zählen die Gesamtgeschäftsführung, Finanzen und Rechnungswesen, Rechtsfragen und Behördenkontakte, IT-Systeme, Facilities, Verwaltung sowie die Unternehmensplanung [PORT99b, S. 74 f.]. Für das Rollenmodell des Technologiemanagements sind die Aktivitäten der Bereiche Geschäftsführung, Finanzen, Recht und Planung zu berücksichtigen. Die Geschäftsführung ist dabei richtungsweisend für das Technologiemanagement und als Entscheider unbedingt in das Rollenmodell mit einzubeziehen. Ebenso sind finanzielle Fragestellungen, beispielsweise für Investitionsentscheidungen, zu berücksichtigen. Rechtliche Aspekte werden unter anderem bei Patentangelegenheiten relevant für das Technologiemanagement. Mit der Planung soll ein einheitliches Verständnis geschaffen werden, innerhalb einer angegebenen Zeit bestimmte Ziele zu erreichen. Dies beinhaltet Strategien und Maßnahmen, mit denen diese Ziele ermöglicht werden [GABL97, S. 3929]. Die wechselseitige Abhängigkeit zwischen der Planung und dem Technologiemanagement ist demnach offensichtlich.

Die Personalwirtschaft beinhaltet das Management der menschlichen Ressourcen und hat über die Motivation und den Kenntnisstand der Mitarbeiter einen erheblichen Einfluss auf die Wettbewerbsfähigkeit eines Unternehmens [PORT99b, S. 74]. Die Aufgaben der Personalwirtschaft sind vielfältig und reichen von der Beschaffung, Aus- und Weiterbildung, Einsatz und Freisetzung von Personal über dessen Motivation und Führung bis hin zu seiner Vergütung [DRUM05, S. 12; OLFE03, S. 27 ff.]. Technologierelevant sind in diesem Zusammenhang die Personalbeschaffung, die Personalentwicklung und der Personaleinsatz. Der Erfolg eines Unternehmens liegt schließlich nicht nur in den eingesetzten Technologien begründet, sondern es bedarf kompetenter, fachkundiger Mitarbeiter, die in der Lage sind oder in die Lage versetzt werden, die Technologien nutzbringend einzusetzen.

Detaillierung des Technologie-Controllingkonzeptes

Die zentrale Wertaktivität eines technologieorientierten Unternehmens stellt die Technologieentwicklung dar. Diese hat die Aufgabe, neue Produkte, Produktionsprozesse und Abläufe zu schaffen bzw. zu optimieren, die die Grundlage für die nachhaltige Wettbewerbsfähigkeit eines Unternehmens legen. Dies betrifft alle Bereiche eines Unternehmens und geht somit über die FuE-Abteilung eines Unternehmens hinaus [PORT99b, S. 73]. Die Forschung konzentriert sich in Unternehmen primär auf die angewandte Forschung, die auf spezifische, praktische Ziele ausgerichtet ist. Grundlagenforschung ohne direkten Anwendungsbezug ist aufgrund des hohen Ergebnisrisikos meist staatlichen Institutionen vorbehalten. Ebenso von Bedeutung ist die Konstruktion. Entgegen der Entwicklung stellt der Neuheitsgrad hier kein Charakteristikum dar, da es sich um das kombinierte Anwenden bestehender Konstruktionsprinzipien handelt. Darüber hinaus ist die nachhaltige Nutzung der gewonnenen Erkenntnisse im Rahmen des Informationsmanagements zu sichern. Davon ausgehend werden folgende Rollen für die Wertaktivität Technologieentwicklung festgelegt: Forschung, Entwicklung (bezogen auf Produkt- und/oder Prozesstechnologien), Konstruktion und Informationsmanagement.

Abschließend wird die Wertaktivität Beschaffung detailliert. Die Beschaffung beinhaltet die Funktion des Einkaufs der in der Wertekette eines Unternehmens verwendeten Inputs. Dazu zählen beispielsweise Roh-, Hilfs- und Betriebsstoffe, Maschinen und Büroeinrichtungen. Einige dieser Inputs werden von herkömmlichen Einkaufsabteilungen, andere z.B. durch Werksleiter beschafft, so dass eine eindeutige Zuordnung der Beschaffung zu Einkaufsabteilungen zu einschränkend ist [PORT99b, S. 72]. Ziel der Beschaffung ist im Wesentlichen die Optimierung des Preis-Leistungsverhältnisses. Die Leistung wird hier überwiegend durch die von Lieferanten genutzten und im Produkt integrierten Technologien bestimmt. In Abhängigkeit von der Art der zu beschaffenden Materialien ist das Technologiemanagement somit auf die Beschaffungsaktivitäten auszuweiten. Dies gilt für die Beschaffung von Investitionsgütern als auch für Produktionsmaterial, insbesondere dann, wenn nicht nur einzelne Bauteile, sondern technische Komponenten von Systemlieferanten zu beschaffen sind. Die Technologieorientierung richtet sich somit auf den technischen Einkauf.

Aufbauend auf der Wertekette von PORTER und der durchgeführten Detaillierung sowie der Spezifizierung für das Technologiemanagement ergibt sich das in Bild 4-21 dargestellte Rollenmodell des Technologiemanagements. Dabei zeigt sich, dass die Technologieentwicklung und die Operationen im Sinne von Produktion verständlicherweise den Schwerpunkt bilden. Auf der Ebene der Wertaktivitäten nach PORTER bestehen Schnittstellen des Technologiemanagements zu allen

Detaillierung des Technologie-Controllingkonzeptes

Wertaktivitäten. Auf der Detailebene zeigt sich jedoch, dass sich nur ausgewählte Teilbereiche durch eine Technologierelevanz auszeichnen und somit für die vorliegende Arbeit von Bedeutung sind.

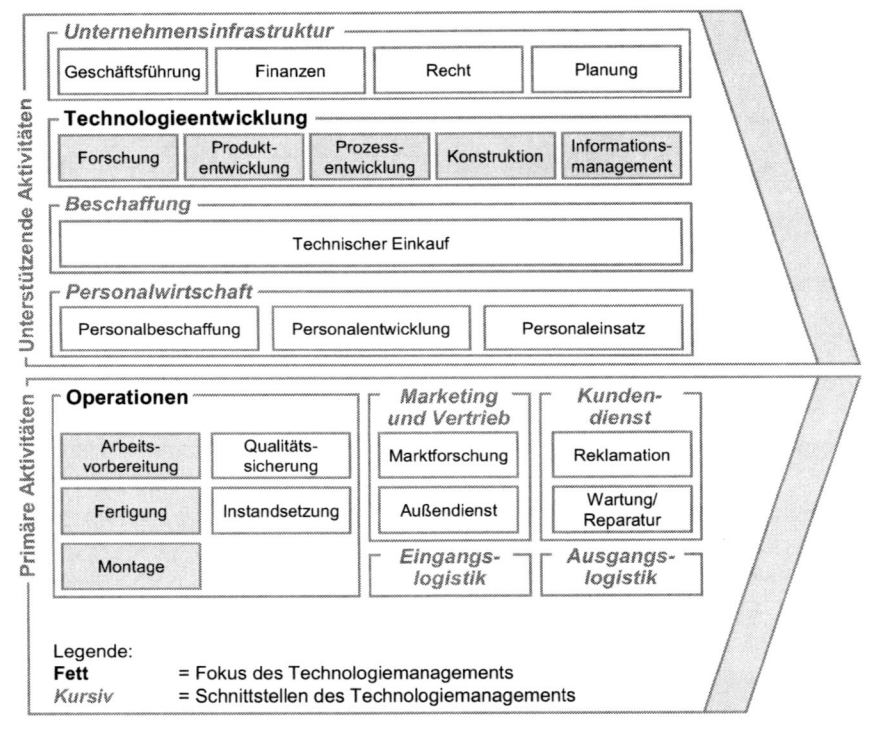

[Abbildung: Rollenmodell des Technologiemanagements mit folgenden Bereichen:

Unterstützende Aktivitäten:
- *Unternehmensinfrastruktur*: Geschäftsführung, Finanzen, Recht, Planung
- **Technologieentwicklung**: Forschung, Produktentwicklung, Prozessentwicklung, Konstruktion, Informationsmanagement
- *Beschaffung*: Technischer Einkauf
- *Personalwirtschaft*: Personalbeschaffung, Personalentwicklung, Personaleinsatz

Primäre Aktivitäten:
- **Operationen**: Arbeitsvorbereitung, Qualitätssicherung, Fertigung, Instandsetzung, Montage
- *Marketing und Vertrieb*: Marktforschung, Außendienst
- *Kundendienst*: Reklamation, Wartung/Reparatur
- *Eingangslogistik*
- *Ausgangslogistik*

Legende:
Fett = Fokus des Technologiemanagements
Kursiv = Schnittstellen des Technologiemanagements]

Bild 4-21: Rollenmodell des Technologiemanagements

Das Rollenmodell gibt auf einem abstrakten Niveau einen Überblick, welche Bereiche in einem Unternehmen zur Erfüllung der Gesamtaufgabe des Technologiemanagements von Bedeutung sind. Zum Aufbau eines systembildenden Technologie-Controllings kann das Rollenmodell des Technologiemanagements nun genutzt werden, um den beschriebenen Tätigkeiten die spezifischen Abteilungen eines betrachteten Unternehmens zuzuordnen. Auf der anderen Seite bedarf es im Weiteren einer Zuordnung der technologieorientierten Aktivitäten des Aktivitätenmodells zu den Elementen des Rollenmodells. Diese Zuordnung ist innerhalb der Arbeitsplans für das Technologiemanagement im Anhang dargestellt. Die kombinierte Anwendung des Rollen- und des Aktivitätenmodells ermöglicht somit eine Zuordnung der technologieorientierten Aufgaben zu organisatorischen Einheiten eines Unternehmens.

4.6 Controllingrahmen

Die Aufgabe des Controllingrahmens besteht in dem Zusammenführen der aktivitätenbezogenen Kennzahlen zu einer übersichtlichen Darstellung und Auswertung der Kennzahlen im Sinne einer Gesamtleistung des zusammengestellten, unternehmensspezifischen Technologiemanagementprozesses. Der Controllingrahmen dient dabei zum einen der Überwachung des Prozesses und liefert zum anderen Anhaltspunkte für Optimierungspotenziale. Übertragen auf den Regelkreisansatz stellt der Controllingrahmen einen Sensor dar, der Veränderungen innerhalb der Aktivitätenreihenfolge erkennt und somit Informationen für den Regler – in diesem Fall der Mensch – bereitstellt. Durch die Speicherung zurückliegender und gegenwärtiger Kennzahlausprägungen lassen sich Trends erkennen und ein belastbares Berichtswesen für technologieorientierte Prozesse aufbauen. Vor diesem Hintergrund wird im Weiteren die inhaltliche Ausgestaltung des Controllingrahmens im Hinblick auf dessen Aufbau und Nutzung beschrieben (siehe Bild 4-22).

Kennzahlbasis	Initiierung	Betrieb
Eingangsgrößen: Priorisierte Kennzahlen aus Messgrößenmodell	■ Festlegung von Zielwerten je Kennzahl	Erhebung der Kennzahlausprägungen
Clusterung der Kennzahlen nach deren Einfluss auf Kosten, Qualität und Zeit	■ Festlegung von Erhebungsvorgaben, z.B.: – Erhebungsintervall – Verantwortlichkeiten – Erhebungszeitpunkt – Erhebungstechnik	Visualisierung der Kennzahlausprägung (Cockpit-Darstellung)
Auswahl der priorisierten Kennzahlen je Cluster	■ Festlegung der Optimierungsrichtung je Kennzahl	Überprüfung der Zielerreichung
Wirkungsanalyse der Kennzahlen	■ Festlegung von Skalierungsvorschriften für Kennzahlausprägungen	Identifizierung von Abweichungen
Übernahme der Gewichtung der Kennzahlen aus dem Messgrößenmodell	■ Festlegung von Analysevorschriften	Qualifizierter Diskurs zur Maßnahmenableitung
Unternehmensspezifische Kennzahlbasis	**Unternehmensspezifischer Controllingrahmen**	**Kontinuierliche Verbesserung**

Bild 4-22: Aufbau und Nutzung des Controllingrahmens

Innerhalb des Controllingrahmens ist zunächst festzulegen, wie mit den priorisierten Kennzahlen, als Ergebnis des Messgrößenmodells (siehe Kapitel 4.4), umgegangen werden sollte, um nachvollziehbare und belastbare Ergebnisse zu erzielen. Für den Controllingrahmen ist ein Satz von Kennzahlen zusammenzustellen, der eine ausgewogene Beurteilung des zusammengestellten Aktivitätenbündels ermöglicht. Die

Ausgewogenheit bezieht sich dabei auf die Aspekte Kosten, Qualität und Zeit der Leistungserstellung, d.h. die Mehrdimensionalität der Bewertung muss sichergestellt sein.

Zu diesem Zweck erfolgt eine Clusterung der Kennzahlen im Hinblick auf deren Einfluss auf Kosten, Qualität und Zeit der Leistungserstellung. Gemäß der Priorisierung der Kennzahlen innerhalb des Messgrößenmodells erfolgt die Auswahl der Kennzahlen pro Cluster. Insgesamt sollte die Anzahl an Kennzahlen zwischen 10 und 20 liegen. In Ausnahmefällen (z.b. bei einer hohen Komplexität des betrachteten Prozesses) kann eine höhere Anzahl sinnvoll sein. Allerdings darf das Kennzahlensystem nicht zu kompliziert werden, da sich Mitarbeiter nur über eine begrenzte Anzahl an Kennzahlen und somit Zielen steuern lassen [KÜPP01, S. 349].

Im Weiteren sind die Wirkzusammenhänge der Kennzahlen zu überprüfen. Dabei ist darauf zu achten, dass zum einen keine redundanten Kennzahlen verwendet werden. Zum anderen ist auszuschließen, dass Kennzahlen sich gegenseitig beeinflussen oder sogar gegenläufig sind. Derartigen Widersprüche ist durch das Abwägen der Kennzahlen gegeneinander und durch eine bewusste Entscheidung für oder gegen eine Kennzahl zu begegnen. Somit können unbeabsichtigte Über- bzw. Unterbewertungen einzelner Aspekte vermieden werden. In Bild 4-23 ist die Kennzahlbasis des Controllingrahmens dargestellt.

Kennzahlbasis

Cluster	Kosten G_K		Qualität G_Q		Zeit G_Z		Legende:
	KK_1;	$g(KK_1)$	QK_1;	$g(QK_1)$	ZK_1;	$g(ZK_1)$	KK: Kostenbezogene Kennzahl
	KK_2;	$g(KK_2)$	QK_2;	$g(QK_2)$	ZK_2;	$g(ZK_2)$	QK: Qualitätsbezogene Kennzahl
	KK_3;	$g(KK_3)$	QK_3;	$g(QK_3)$	ZK_3;	$g(ZK_3)$	ZK: Zeitbezogene Kennzahl
	KK_4;	$g(KK_4)$	QK_4;	$g(QK_4)$	ZK_4;	$g(ZK_4)$	G: Gewichtungsfaktor je Cluster
	...		...		...		g: Gewichtungsfaktor je Kennzahl

Ergebnis:
▶ Bewertungsschwerpunkte (gemäß Priorisierung im Messgrößenmodell)
▶ Widerspruchs- und Redundanzfreiheit der Kennzahlen
▶ Ausgewogene Kennzahlbasis (Mehrdimensionalität)

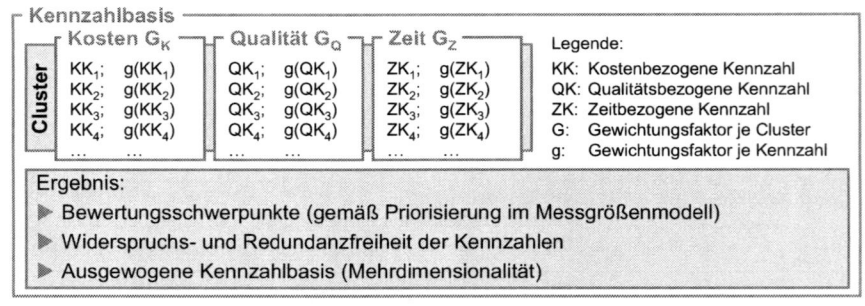

Bild 4-23: Zusammenstellung der Kennzahlbasis

Neben der Erstellung eines eigenständigen Controllingsystems besteht ggf. die Möglichkeit, die geclusterten und priorisierten Kennzahlen in bestehende Kennzahlensysteme des betrachteten Unternehmens zu integrieren. Bei den traditionellen Kennzahlsystemen handelt es sich überwiegend um betriebswirtschaftliche Systeme, die auf monetäre Erfolgsgrößen bezogen sind. Zu den bekanntesten Systemen zählt das DuPont-System, das ausschließlich monetäre Kennzahlen beinhaltet und auf den

Return on Investment als Basiskennzahl fokussiert [WEBE04, S. 257 f.; SIEG98, S. 23 f.]. Weitere bekannte Systeme sind das ZVEI-Kennzahlensystem, das auf die Eigenkapitalrentabilität eines Unternehmens zielt, und das RL-Kennzahlensystem, das auf die Aspekte Rentabilität und Liquidität fokussiert [HORV03, S. 573; KÜPP01, S. 362 f.]. Den traditionellen Kennzahlsystemen ist gemeinsam, dass der Erfolg eines Unternehmens nur über monetäre Kennzahlen erfasst wird. Diese eindimensionale Beschreibung und Steuerung eines Unternehmens wird den vielfältigen Ansprüchen und der Wettbewerbssituation der Unternehmen nicht gerecht [SCHE03, S. 31]. Im Hinblick auf das Controlling der Aktivitäten des Technologiemanagements, das überwiegend nicht-monetäre Kennzahlen beinhaltet, ist somit eine Integration in traditionelle betriebswirtschaftliche Kennzahlensysteme nicht sinnvoll.

Vielmehr besteht die Möglichkeit der Integration in selektive Kennzahlensysteme. Diese bilden sowohl Kennzahlen für operative Prozesse als auch monetäre Kennzahlen unternehmensspezifisch ab [WEBE04, S. 268 ff.]. In diese Gruppe fällt auch die Balanced Scorecard[14], die seit Anfang der Neunziger Jahre zunehmend Einsatz in unterschiedlichen Unternehmensbereichen gefunden hat. Dabei werden monetäre und nicht-monetäre Kennzahlen unterschiedlichen Betrachtungsdimensionen (Finanzen, Kunde, Prozesse, Lernen) zugeordnet. Es werden diejenigen Informationen zusammengefasst, die für die strategische Entwicklung des Unternehmens wichtig sind [FRIE02, S. 19]. Zur Integration der Kennzahlen des Technologie-Controllingkonzeptes in bestehende Balanced Scorecards ist zunächst zu klären, auf welchen Ebenen, in welcher Detaillierungstiefe und mit welchen Zielen Daten erfasst und ausgewertet werden. Nur im Falle einer hohen Vergleichbarkeit ist eine Integration anzustreben.

Für diesen Fall wird im Weiteren kurz dargestellt, wie mit den Kennzahlen umgegangen werden muss, um eine Integration in eine bestehende Balanced Scorecard zu ermöglichen (siehe Bild 4-24). Eine Balanced Scorecard verfügt im Normalfall über 15 bis 20 Kennzahlen [HORV00, S. 9], die die betrachtungsbereichsbezogene Leistungsfähigkeit wiedergeben. Das Technologiemanagement stellt allerdings nur einen Aspekt des Unternehmens dar, so dass zur Sicherstellung einer ausgewogenen Balanced Scorecard nur ca. 3 bis 4 Kennzahlen zur Beschreibung der Leistungsfähigkeit des Technologiemanagements berücksichtigt werden sollten. Demnach liegt die Herausforderung darin, die adäquaten Kennzahlen auszuwählen bzw. die Kennzahlen zu aussagekräftigen Verhältniskennzahlen zusammenzuführen. Zur Auswahl der Kennzahlen kann auf deren Gewichtungsfaktoren zurückgegriffen werden. In-

---

[14] Kaplan und Norton gelten als die Entwickler der Balanced Scorecard. Detaillierte Ausführungen zur Balanced Scorecard finden sich in [KAPL97a].

Detaillierung des Technologie-Controllingkonzeptes

nerhalb des Gesamtkontextes einer Balanced Scorecard ist es darüber hinaus sinnvoll zu prüfen, ob die Kennzahlen zu den Anforderungen der Stakeholder an das Technologiemanagement gemäß Prozessstrukturmatrix korrespondieren. Anschließend sind die Wirkungen der Kennzahlen auf die nicht-technologieorientierten Kennzahlen der Balanced Scorecard zu analysieren. Somit können gegenläufige Zielsetzungen erkannt und abgewendet werden. Abschließend sind die Kennzahlen den Perspektiven der Balanced Scorecard zuzuordnen.

Perspektiven der Balanced Scorecard
- Finanzen
- Kunden
- Prozesse
- Lernen

Kennzahlbasis

Cluster:
- Kosten: KK_1; $g(KK_1)$ / KK_2; $g(KK_2)$ / KK_1/KK_2 / KK_3; $g(KK_3)$ ...
- Qualität: QK_1; $g(QK_1)$ / QK_2; $g(QK_2)$ / QK_3; $g(QK_3)$ / QK_4; $g(QK_4)$ ...
- Zeit: ZK_1; $g(ZK_1)$ / ZK_2; $g(ZK_2)$ / ZK_3; $g(ZK_3)$ / ZK_4; $g(ZK_4)$ ...

Vorgehen:
▶ Auswahl repräsentativer Kennzahlen je Cluster zur Beurteilung des Technologiemanagements (insgesamt max. 3 bis 4 Kennzahlen)
▶ Ggf. Bildung einer Verhältniskennzahl
▶ Wirkungsanalyse im Hinblick auf die nicht-technologieorientierten Kennzahlen der Balanced Scorecard
▶ Zuordnung der Kennzahlen zu den Perspektiven der Balanced Scorecard

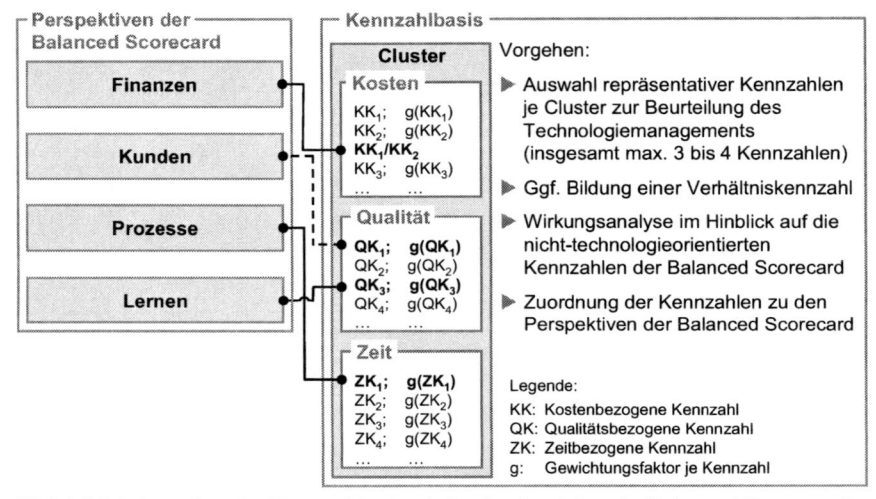

Legende:
KK: Kostenbezogene Kennzahl
QK: Qualitätsbezogene Kennzahl
ZK: Zeitbezogene Kennzahl
g: Gewichtungsfaktor je Kennzahl

Bild 4-24: Integration der Kennzahlenbasis in eine bestehende Balanced Scorecard

Für eine Vielzahl von Anwendungsfällen ist jedoch davon auszugehen, dass keine Integration in bestehende Systeme möglich ist, da sich das Technologie-Controllingkonzept auf die Prozessbewertung auf operativer Ebene bezieht und bereichsübergreifend ist. Im Gegensatz dazu sind bestehende Kennzahlensysteme meist bereichsbezogen und der strategischen Ebene zuzuordnen [SCHE03, S. 68 ff.]. Vor diesem Hintergrund ist der Aufbau eines eigenständigen Kennzahlsystems zu präferieren, so dass dies im Folgenden detailliert wird.

Kennzahlen werden zu einem Steuerungsinstrument, wenn sie als Ziele verwendet werden. Dabei stellen sie Vorgaben oder Maßstäbe dar, an denen sich Entscheidungen und Handlungen zu orientieren haben [KÜPP01, S. 347]. Die Festlegung dieser Ziele ist allerdings während der erstmaligen Einführung des Technologie-Controllingkonzeptes sehr schwierig. Fehlende Erfahrungswerte können zu überhöhten oder zu zu niedrigen Zielen führen. Beides wirkt demotivierend auf die Mitarbeiter der Unter-

Detaillierung des Technologie-Controllingkonzeptes

nehmung. Schließlich stellen Ziele, die nicht oder ohne Anstrengungen erreicht werden können, keine Herausforderungen dar und führen zu Akzeptanzverlusten. Vor diesem Hintergrund sollte die Festlegung der quantitativen Ziele auf der Grundlage erster Erhebungen erfolgen. Dies geht einher mit der Festlegung der Optimierungsrichtung. Je nach Kennzahl kann dies eine Erhöhung (z.B. bei der Anzahl an Patenten) oder eine Verringerung (z.B. bei der Ausschussrate) der Kennzahlausprägungen beinhalten. Zur Zielfestlegung sind die Forderungstabellen des Messgrößenmodells (siehe Kapitel 4.4) zu nutzen. Die Forderungstabellen geben die geforderte Leistung sowie die optimale Ausprägung an der Schnittstelle sowohl zwischen zwei Aktivitäten als auch zwischen einer Aktivität und dem Endabnehmer, in der Regel die Unternehmensführung, wieder. Durch die Festlegung quantitativer Ziele wird die Ausrichtung des Technologiemanagements auf die Unternehmensstrategie abgeschlossen. D.h. unter Zuhilfenahme der Typologiematrix (siehe Kapitel 4.3) werden zunächst in Abhängigkeit von der unternehmerischen Zielrichtung die notwendigen technologieorientierten Aktivitäten ausgewählt. Die aktivitätenbezogene Präzisierung der Unternehmensziele erfolgt auf Basis der Forderungstabellen und mündet in der Quantifizierung der Ziele innerhalb des Controllingrahmens.

Zur Integration des Controllingkonzeptes im Unternehmen bedarf es der Festlegung von Erhebungsvorgaben. Für jede Kennzahl sind zunächst das Erfassungsintervall und der Erfassungszeitpunkt zu bestimmen. Somit wird die Vergleichbarkeit der Werte auch im Hinblick auf Vergangenheitswerte sichergestellt. Im Weiteren erfolgt die Auswahl von Erhebungstechniken, d.h. es werden die verwendeten Informationsquellen und einzusetzenden Systeme benannt, die eine aufwandsminimale Kennzahlenermittlung ermöglichen. Jeder Kennzahl muss ein Mitarbeiter zugeordnet werden, der für die Ermittlung der Kennzahlausprägung und die Zielerreichung verantwortlich ist. Dabei ist darauf zu achten, dass der Mitarbeiter auch genügend Handlungsspielraum hat, um Einfluss auf die Kennzahlausprägung ausüben zu können. Somit muss der Mitarbeiter durch sein eigenes Handeln in der Lage sein, die Kennzahl positiv zu beeinflussen. Für den Gesamtprozess ist ein Gesamtverantwortlicher zu benennen, der für die prozesselementübergreifenden Auswertungen verantwortlich ist.

Für die Auswertungen ist eine einheitliche Skalierung der Kennzahlenausprägungen im Hinblick auf die Zielerreichung festzulegen. Ausprägungen bezeichnen dabei die Werte, die eine Kennzahl aufweisen kann [RINN95, S. 39]. Unter Angabe von Grenzwerten kann beispielsweise die Zielerreichung eines Prozesselements oder des Gesamtprozesses im Sinne einer Ampellogik dargestellt werden. Diese Einordnung ist zwar einfach und ermöglicht einen schnellen Überblick, führt allerdings zu

Detaillierung des Technologie-Controllingkonzeptes

einem hohen Informationsverlust und einer geringen Aussagekraft [SCHE03, S. 72 f.]. Besser geeignet sind Prozentangaben, die die Kennzahlausprägungen in Abhängigkeit von den gesetzten Zielen beurteilen. Da auf der Basis der Kennzahlabweichung vom Zielwert Maßnahmen zur Optimierung des Prozesses abgeleitet werden sollen, ist ein hoher Informationsgehalt von Bedeutung, so dass eine prozentbezogene Angabe der Zielerreichung für das Technologie-Controllingkonzept präferiert wird. Je nach unternehmensspezifischer Ausgestaltung des Controllingkonzepts sind jedoch auch andere Skalierungen denkbar.

Zur Visualisierung der Kennzahlausprägungen bzw. der Zielerreichung kann auf unterschiedliche Diagramme[15] zurückgegriffen werden, die in ein so genanntes Cockpit zusammengeführt werden können. Mit der Visualisierung wird das Ziel verfolgt, Abweichungen der Zielerreichung und deren zeitliche Entwicklung (Trend) übersichtlich darzustellen. Somit können Optimierungspotenziale und Handlungsbedarfe aufgezeigt werden. Die zeitliche Entwicklung lässt sich nur über Liniendiagramme nachvollziehbar darstellen. Balken-, Kreis- und Netzdiagramme zeigen hier Schwächen. Liniendiagramme werden allerdings nach einer gewissen Anzahl an Linien unübersichtlich, so dass ein momentaner Ist-Zustand nicht auf einen Blick erkannt werden kann. Hier bieten sich Netzdiagramme an, die Abweichungen vom Idealziel leicht erkennen lassen. Vor diesem Hintergrund werden für die Darstellung der Zielerreichung im Rahmen des Technologie-Controllingkonzepts Netzdiagramme zur schnellen Erkennung von Abweichungen eingesetzt. Der zeitliche Verlauf der Zielerreichung wird über Liniendiagramme wiedergegeben. Für die Kennzahlencluster Kosten, Qualität und Zeit werden diese Darstellungen separat aufgebaut. Dies ermöglicht eine frühzeitige Eingrenzung von Problemfeldern. Zur Unterstützung wird eine Ampeldarstellung zur Visualisierung der clusterbezogenen Leistungsfähigkeit implementiert. Diese Leistungsfähigkeit stellt den Mittelwert über die prozentuale Zielerreichung aller Kennzahlen dar. Die über das Messgrößenmodell ermittelten Gewichtungen der Kennzahlen finden sich in dieser Leistungsfähigkeit wieder. Zwar hat die Ampeldarstellung eine geringe Aussagekraft. Sie dient allerdings im vorliegenden Einsatzfall als Hinweis für eine detailliertere Betrachtung der Kennzahlencluster.

In den vorangegangenen Abschnitten wurde der Controllingrahmen inhaltlich ausgestaltet. Dies beinhaltete zunächst eine Prüfung einer möglichen Integration der technologieorientierten Kennzahlen in bestehende betriebliche Kennzahlensysteme. Daraufhin wurden der Aufbau einer unternehmensspezifischen Kennzahlenbasis und

---

[15] Eine übersichtliche Darstellung von Visualisierungsdiagrammen findet sich in [SCHE03, S. 78].

Detaillierung des Technologie-Controllingkonzeptes

die Maßnahmen zur erstmaligen Initiierung des Konzeptes herausgearbeitet. Ergebnis des Controllingrahmens ist ein Cockpit zur kontinuierlichen Steuerung der Aufgaben des Technologiemanagements (siehe Bild 4-25). Im laufenden Betrieb sind nun, entsprechend den Erhebungsvorgaben, die Kennzahlenausprägungen zu ermitteln und im Cockpit zusammenzuführen. Abweichungen müssen identifiziert werden, Optimierungsmaßnahmen sind abzuleiten. Hierbei darf allerdings nicht der Fehler gemacht werden, sich gänzlich auf die Kennzahlen zu verlassen. Der Erfolg des Technologie-Controllingkonzeptes basiert vielmehr auf einem qualifizierten Diskurs der Kennzahlen und deren Ausprägungen, so dass nicht nur die gesteuerte Aktivitätenabfolge, sondern auch das aufgestellte Controllingsystem fortlaufend weiterzuentwickeln sind.

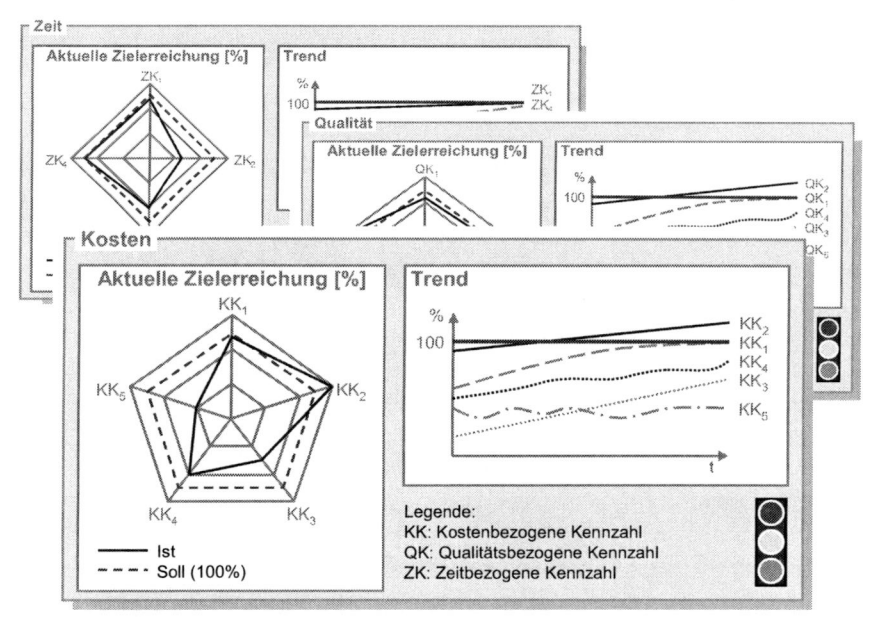

Bild 4-25: Mögliche Cockpit-Darstellung des Technologie-Controllingkonzeptes

Seite 111

5 Fallbeispiel

In den vorangegangenen Kapiteln wurde entlang des Forschungsprozesses für angewandte Wissenschaften (siehe Kapitel 1) die Methodik zum systembildenden Technologie-Controllingkonzept konzipiert und detailliert. Daran schließt sich nun die Prüfung der Methodik an, d.h. es wird untersucht, ob die Methodik im praktischen Einsatz mit vertretbarem Aufwand einsetzbar ist und nutzbare Ergebnisse liefert. Die vorliegende Arbeit ist den Realwissenschaften zugeordnet, so dass deren Überprüfung nicht in einem künstlich konstruierten Begründungszusammenhang erfolgen kann, sondern im Anwendungszusammenhang durchgeführt werden muss. Durch eine fallweise empirische Überprüfung kann keine endgültige Verifikation des systembildenden Technologie-Controllingkonzepts erfolgen, so dass in Anlehnung an P. ULRICH mit dem Fallbeispiel die Nichtfalsifizierung der Methodik angestrebt wird [ULRI76, S. 346].

5.1 Ausgangssituation

Das betrachtete Unternehmen ist ein weltweit tätiger Hersteller von Erzeugnissen der Kraftfahrzeugtechnik, der Automationstechnik, der Metalltechnologie und Verpackungstechnik sowie für Elektrowerkzeuge und Hausgeräte. In vielen dieser Bereiche ist das Unternehmen Innovationstreiber und Weltmarktführer.

Zahlreiche der genannten Produkte zeichnen sich durch einen hohen Wertschöpfungs- und Funktionsanteil in Elektronik und Software aus. Mit dem Vorteil einer hohen Funktionsintegration geht somit eine stetig zunehmende Produkt- und Technologiekomplexität einher. Neben der Beherrschung der zugrunde liegenden Technologien besteht ein entscheidender Erfolgsfaktor darin, die vorhandene Technologiekompetenz im Unternehmen zu sichern, gezielt auszubauen, zu verbreiten und in möglichst viele Anwendungen zu multiplizieren. Daher kommt dem Technologiemanagement dieser Systeme eine wichtige Rolle zu.

Mit dem Aufbau dieses Technologiemanagements wurde die zentrale Vorentwicklung betraut, die für alle Produktbereiche (Kunde des betrachteten Bereichs) tätig ist. Diese hat die Aufgabe, die laufende und zukünftige Nutzung von Technologien zu planen. Der Betrachtungsbereich reicht dabei von einer ersten Idee bis zur Bereitstellung einer funktionsfähigen Technologie für einzelne oder alle Produktbereiche. Die Umsetzung der Technologien in konkrete Produkte liegt anschließend in der Verantwortung der Produktbereiche. Vor diesem Hintergrund wird die Methodik des systembildenden Technologie-Controllingkonzeptes eingesetzt, um ein funktionsfähiges Technologiemanagement aufzubauen, zu koordinieren und zu überwachen.

Fallbeispiel

5.2 Anwendung der Methodik

Die praktische Anwendung der Methodik wird anhand der Hauptaktivitäten des Implementierungsmodells (siehe Bild 3-9) beschrieben. Alle im Zusammenhang mit dem Fallbeispiel angegebenen Daten und Ergebnisse wurden zu diesem Zweck verfremdet bzw. anonymisiert.

┌─ Hauptaktivitäten des Implementierungsmodells ─────────────────────────┐

Zielanalyse
- Aufnahme und Einordnung der technologieorientierten Unternehmensziele

Aktivitätenzuordnung
- Festlegung der Aktivitätenschwerpunkte für das betrachtete Unternehmen
- Auswahl unternehmensspezifischer Aktivitäten

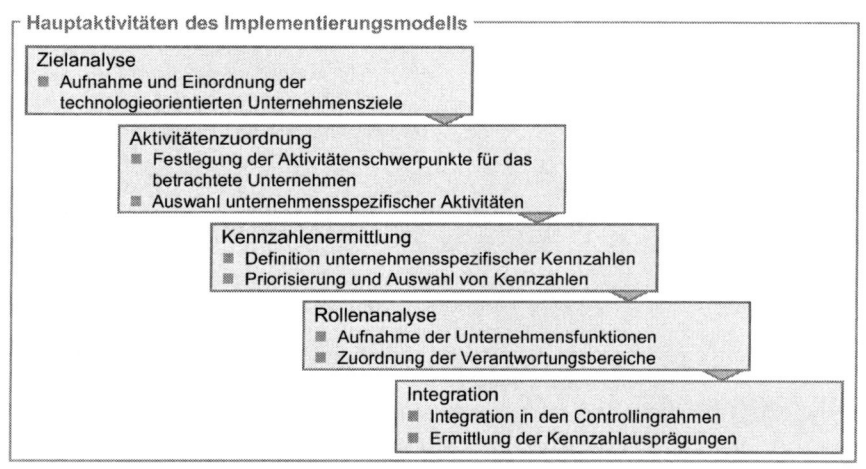

Kennzahlenermittlung
- Definition unternehmensspezifischer Kennzahlen
- Priorisierung und Auswahl von Kennzahlen

Rollenanalyse
- Aufnahme der Unternehmensfunktionen
- Zuordnung der Verantwortungsbereiche

Integration
- Integration in den Controllingrahmen
- Ermittlung der Kennzahlausprägungen

Bild 5-1: Hauptaktivitäten des Implementierungsmodells

Zielanalyse

Innerhalb der Zielanalyse erfolgt die Aufnahme und Einordnung der technologieorientierten Unternehmensziele. Die obersten Ziele des betrachteten Unternehmens lassen sich unter den Schlagwörtern Qualität, Profit und Wachstum zusammenfassen. Die höchste Priorität kommt dabei der Qualität der Endprodukte im Hinblick auf Funktionalitäten und Zuverlässigkeit zu. Beide genannten Aspekte können von Endkunden erkannt und dem betrachteten Unternehmen entweder positiv oder negativ angerechnet werden. Das Profitziel richtet sich darauf, höhere Gewinnspannen am Markt durchzusetzen. Die eigenen Produkte sollen zu diesem Zweck durch überlegene Qualität höhere Preise gegenüber dem Wettbewerb rechtfertigen. Gleichzeitig sollen die Produktkosten gesenkt oder zumindest konstant gehalten werden. Wachstum bezieht sich für das betrachtete Unternehmen auf unterschiedliche Aspekte, wie z.B. den Umsatz, Gewinn und Marktanteile. Dabei befindet sich das Unternehmen auf verschiedenen zum Teil stagnierenden Märkten. Daher soll das Wachstumsziel durch innovative Produkte auf bestehenden und neuen Märkten erreicht werden.

Fallbeispiel

Ausgehend von den bisherigen Ausführungen kann folgende technologieorientierte Zielrichtung abgeleitet werden. Das Unternehmen strebt die Qualitätsführerschaft im Hinblick auf ihre Produkte an. Dabei fokussiert es überwiegend auf neue Funktionalitäten und eine hohe Zuverlässigkeit, so dass die Produktion der Produkte von untergeordneter Bedeutung ist. Darüber hinaus sollen als Technologieführer innovative Produkte auf den Märkten platziert und mit einer möglichst hohen Gewinnspanne platziert werden. Die daraus resultierende Einordnung in das Zielmodell ist in Bild 5-2 dargestellt.

Einordnung im Zielmodell

		Wettbewerbsstrategie		
Technologie-strategie		Kostenführerschaft	Qualitätsführerschaft	Technologie-ausrichtung
	Technologieführer	☐ Produkt ☐ Produktion	☒ Produkt ☐ Produktion	
	Technologiefolger	☐ Produkt ☐ Produktion	☐ Produkt ☐ Produktion	

Bild 5-2: Technologieorientierte Zielrichtung des betrachteten Unternehmens

Aktivitätenzuordnung

Vor dem Hintergrund der technologieorientierten Zielrichtung des betrachteten Unternehmens wurde im nächsten Schritt ein Bündel technologieorientierter Aktivitäten zusammengestellt. Zu diesem Zweck wurden mit Hilfe der Typologiematrix die der Zielrichtung entsprechenden Aktivitätenschwerpunkte ermittelt. Laut Typologiematrix liegen die Aktivitätenschwerpunkte auf dem Scanning nach neuen Produkttechnologien sowie deren Bewertung. Des Weiteren ist auf Forschungs- und Entwicklungstätigkeiten zu fokussieren und Erkenntnisse aus den Märkten in Form eines Feedback-to-designs einzubeziehen. Aufbauend auf diesen Schwerpunkten wurden die Module des Aktivitätenmodells untersucht.

Das Scanning ist das Kernelement des Moduls „Technologiefrüherkennung". Innerhalb dieses Moduls wurden neben den Aktivitäten des Scannings die Aktivitäten zur Eingrenzung des Untersuchungsbereichs, zur Analyse und zur Bewertung eines Signals für das unternehmensspezifische Aktivitätenbündel ausgewählt. Diese Aktivitäten stellen entweder Eingangs- oder Ausgangsinformationen des Scannings dar, ohne die das Scanning nicht sinnvoll durchgeführt werden kann. Im Hinblick auf die Bewertung eines Signal greift das Unternehmen auf eine Portfoliobewertung zurück, die im Wesentlichen die Technologieattraktivität bewertet. Die zu Grunde liegenden Bewertungskriterien wurden unternehmensweit abgestimmt.

Das Modul „Interne Analyse" wurde als nicht relevant für den betrachteten Bereich identifiziert. Die eigenen Fähigkeiten sollen die Suche nach und die Realisierung von neuen Technologien für bestehende und neue Märkte nicht eingrenzen. Dies steht in Zusammenhang mit der Unternehmensphilosophie. Danach wird eine neue Technologie verfolgt, sobald ein großes Marktpotenzial abgeschätzt werden kann. Die zur Umsetzung benötigten Kompetenzen können anschließend, z.B. durch den Zukauf von Unternehmen, durch eine zielgerichtete Personalbeschaffung oder -entwicklung, aufgebaut werden. Die für die Bewertung der Technologien benötigten Informationen der Fähigkeiten und Bedürfnisse der Produktbereiche sind von diesen bereitzustellen und liegen somit außerhalb des Betrachtungsbereichs.

Zur Technologiebewertung wird innerhalb des betrachteten Bereichs ebenfalls ein Portfolio eingesetzt. Dieses nimmt die Erkenntnisse der Signalbewertung auf und detailliert diese durch zusätzliche unternehmensweit abgestimmte Bewertungskriterien. Innerhalb des Moduls „Technologieplanung" liegt der Schwerpunkt auf der Technologiebewertung. Darauf aufbauend erfolgt die Entscheidung für ein Technologieszenario und die dazugehörige Projektplanung.

Das betrachtete Unternehmen sieht seine Stärke in der Umsetzung neuer Technologien in konkrete Produkte und Prozesse und weniger in dem „Erfinden". In der Kombination aus Technologiefrüherkennung und Entwicklung konnten in der Vergangenheit vielfältige neuartige Produkte am Markt etabliert werden. Die Forschung nach neuen Erkenntnissen steht demnach nicht im Mittelpunkt der Aktivitäten. Aus den Aktivitäten des Moduls „Technologierealisierung" sind die Entwicklungs- und Validierungsaktivitäten relevant. Die Konstruktion von z.B. einzelnen Produkten oder Bauteilen liegt wiederum außerhalb des Betrachtungsbereichs, da dies in das Aufgabengebiet der Produktbereiche fällt.

Innerhalb des Moduls „Technologietransfer" werden die Aktivitäten zur Überführung technologischer Fähigkeiten in konkrete Produkte und Prozesse im Sinne einer Serienvorbereitung beschrieben. Diese liegen außerhalb des vorliegenden Anwendungsfalls, da für die Umsetzung die Produktbereiche, als Kunde der Vorentwicklung, selbst verantwortlich sind. Aus diesem Grund bleibt das Modul „Technologietransfer" unberücksichtigt.

Die Technologieausrichtung auf Produkttechnologien führt im Modul „Technologieeinsatz" dazu, dass lediglich die Aktivitäten des Feedback-to-designs für den betrachteten Bereich von Bedeutung sind. Hierdurch können Ansatzpunkte für zukünftige Produkte identifiziert werden. Aufbauend auf den vorangegangenen Ausführun-

Fallbeispiel

gen wurde ein unternehmensspezifischer Arbeitsplan des Technologiemanagements zusammengestellt (siehe Bild 5-3).

Unternehmensspezifischer Arbeitsplan des Technologiemanagements

A-Nr.		Modul Technologieeinsatz
51	00	Feedback-to-Design (bezogen auf Produkttechnologien)
51	10	Durchführung von Kundenbefragungen
51	20	Auswertung von Kundenreklamationen
51	30	Auswertung von Reparaturfällen
51	40	Dokumentation der Informationen

A-Nr.		Modul Technologierealisierung
31	00	Entwicklung
31	10	Klärung
31	11	• Präzisierung der Aufgabenstellung
31	12	• Beseitigung von Informationslücken
		...Funktionen
		...sungsprinzipien
		...tung
		...ealisierbare Module
		...chnittstellen
		...Module (z.B. Vorentwürfe)
		...lung des Gesamtentwurfes
		..., z.B.
		...echanismus (z.B. Patente)
		...typen (Produkt oder Prozess)
		...uchsergebnisse

A-Nr.		Modul Technologieplanung
21	00	Technologiebewertung
21	10	Festlegung des Bewertungsfalls
21	20	Eingrenzung des Betrachtungsbereichs
21	30	Zusammenstellung von Technologieszenarien
21	40	Analyse der Entscheidungssituation
21	41	• Aufbereitung technologischer Herausforderungen
21	42	• Zusammenstellung des vorhandenen Technologiemix
21	43	• Aufbereitung technologischer Stärken und Schwächen
21	44	• Klärung der strategischen Orientierung des Unternehmens
21	45	• Ableitung von konkreten Zielsetzungen für den Bewertungsfall
21	46	• Berücksichtigung der vorhandenen Ressourcen
21	47	• Ermittlung von Marktdaten und -prognosen
21	50	Detaillierte Informationsbeschaffung bzgl. der Technologieszenarien
21	60	Bewertung der Technologieszenarien
22	00	Technologieentscheidung
22	10	Auswahl eines Technologieszenarios
22	20	Formulierung eines Pflichtenheftes
22	30	Ermittlung von Umsetzungsszenarien
22	40	Bewertung der Umsetzungsszenarien
22	50	Auswahl eines Umsetzungsszenarios
22	60	Dokumentation der Umsetzungsvorgabe
23	00	Projektplanung
23	10	Definition der Projektziele
23	20	Ableiten von Aufgabenpaketen
23	30	Erstellung eines Projektplans
23	40	Erstellung eines Ressourcenplans
23	50	Erstellung eines Kostenplans
23	60	Dokumentation (z.B. Projektroadmap)

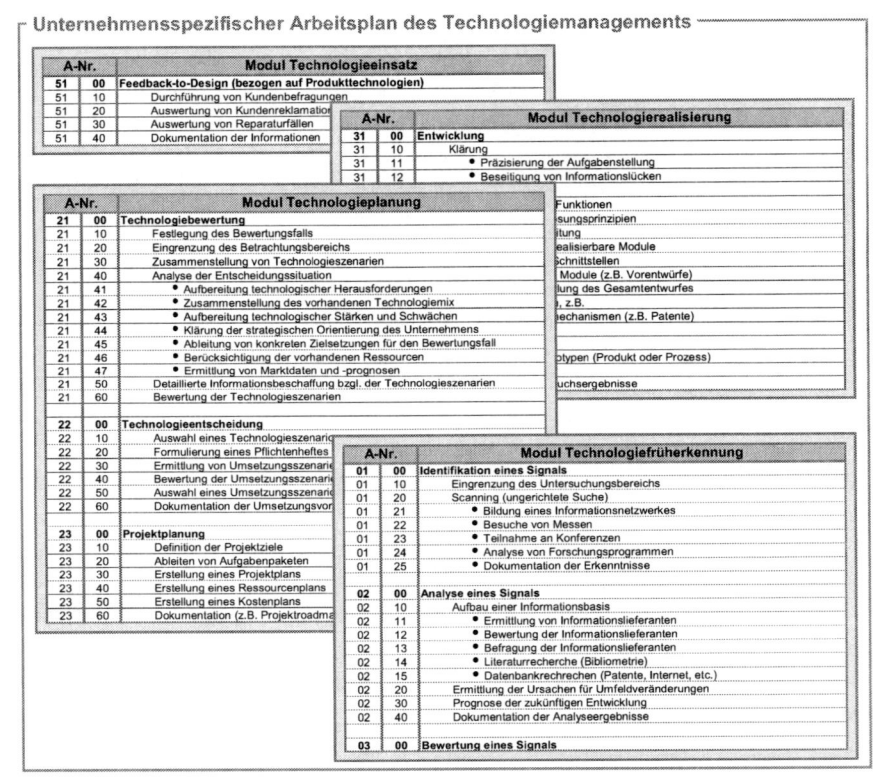

A-Nr.		Modul Technologiefrüherkennung
01	00	Identifikation eines Signals
01	10	Eingrenzung des Untersuchungsbereichs
01	20	Scanning (ungerichtete Suche)
01	21	• Bildung eines Informationsnetzwerkes
01	22	• Besuche von Messen
01	23	• Teilnahme an Konferenzen
01	24	• Analyse von Forschungsprogrammen
01	25	• Dokumentation der Erkenntnisse
02	00	Analyse eines Signals
02	10	Aufbau einer Informationsbasis
02	11	• Ermittlung von Informationslieferanten
02	12	• Bewertung der Informationslieferanten
02	13	• Befragung der Informationslieferanten
02	14	• Literaturrecherche (Bibliometrie)
02	15	• Datenbankrechrechen (Patente, Internet, etc.)
02	20	Ermittlung der Ursachen für Umfeldveränderungen
02	30	Prognose der zukünftigen Entwicklung
02	40	Dokumentation der Analyseergebnisse
03	00	Bewertung eines Signals

Bild 5-3: Technologieorientiertes Aktivitätenbündel des betrachteten Unternehmens

Kennzahlenermittlung

Ausgehend von den zusammengestellten Arbeitsplänen erfolgte die Definition von unternehmensspezifischen Kennzahlen für die einzelnen Aktivitäten. Zu diesem Zweck wurden mehrere Prozessstrukturmatrizen aufgebaut. Es wurde eine Prozessstrukturmatrix für jede Hauptaktivität über deren Subaktivitäten und über alle Hauptaktivitäten aufgestellt. Dies diente der Übersichtlichkeit bei der Methodenanwendung. Anschließend wurde für jede Schnittstelle innerhalb der Prozessstrukturmatrizen eine Forderungstabelle zur Kennzahlenableitung aufgebaut. Aufgrund der Vertraulichkeit der Informationen innerhalb dieser Tabellen muss auf eine detaillierte Darstellung der Ergebnisse verzichtet werden. Nach der abschließenden Priorisierung mit Hilfe der Nutzwertanalyse wurden 13 Kennzahlen (siehe Bild 5-5) für die Integration in den Controllingrahmen bereitgestellt.

Rollenanalyse

Innerhalb der Rollenanalyse sollen die spezifischen Unternehmensfunktionen erfasst und den Rollen des Rollenmodells zugeordnet werden. Somit können die ausgewählten Aktivitäten auf die verantwortlichen Bereichen verteilt werden. Beim betrachteten Unternehmen liegt eine Trennung zwischen zentralen Bereichen und den Produktbereichen vor. Die Produktbereiche stellen dabei Kunden der zentralen Bereiche dar. In Bild 5-4 ist die Zuordnung der unternehmensspezifischen Rollen zu den Rollen des Rollenmodells dargestellt. Dabei wurden nur die relevanten Bereiche aufgenommen. Eine weitere funktionale Differenzierung der Produktbereiche wurde nicht vorgenommen, da diese innerhalb der Produktbereiche sehr unterschiedlich ist. Die weitere funktionale Differenzierung ist somit den Produktbereichen überlassen.

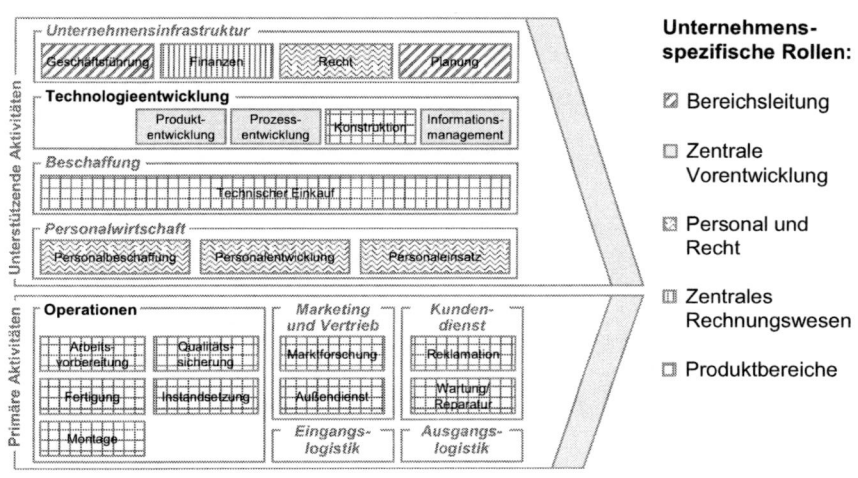

Bild 5-4: Unternehmensspezifische Rollenzuordnung

Integration

Gemäß der in Kapitel 4.6 dargestellten Vorgehensweise wurden die ermittelten und priorisierten Kennzahlen den Clustern Kosten, Qualität und Zeit zugeordnet. Im Rahmen von Abstimmungsgesprächen wurden Ziele für die einzelnen Kennzahlen ermittelt. Jeder Kennzahl wurde ein verantwortlicher Mitarbeiter zugeordnet, und es wurde ein Gesamtverantwortlicher für das Technologiemanagement benannt. Entsprechend den Erhebungsvorgaben wurden die Kennzahlenausprägungen ermittelt. In Bild 5-5 ist das Cockpit des betrachteten Unternehmens dargestellt.

Fallbeispiel

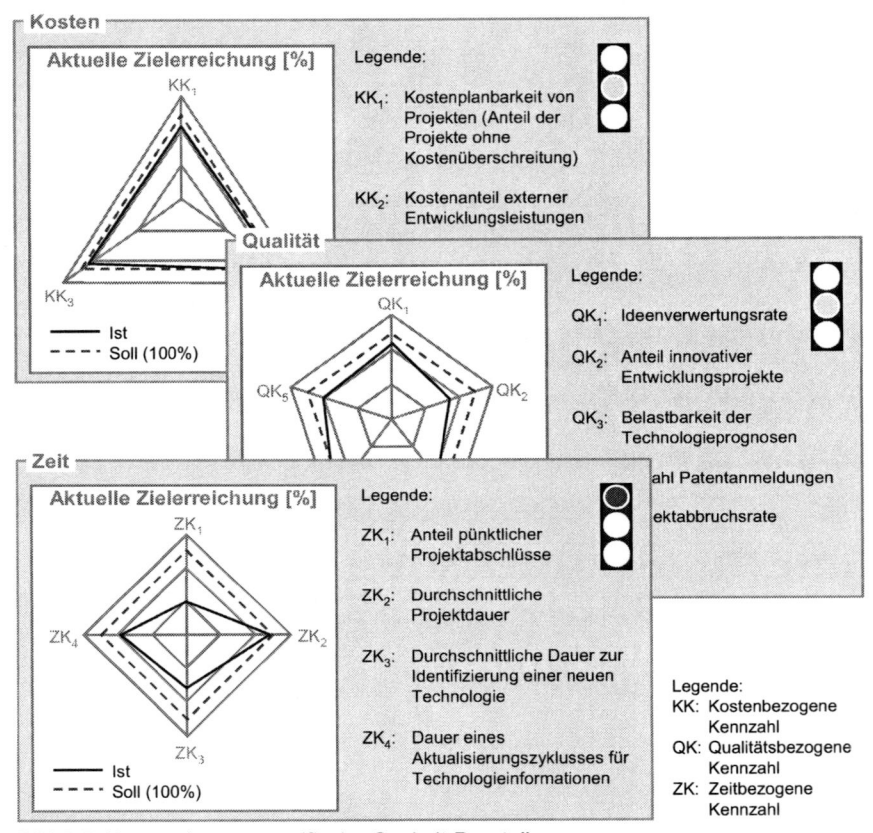

Kosten

Aktuelle Zielerreichung [%]

Legende:
- KK_1: Kostenplanbarkeit von Projekten (Anteil der Projekte ohne Kostenüberschreitung)
- KK_2: Kostenanteil externer Entwicklungsleistungen
- KK_3: (Ist / Soll (100%))

Qualität

Aktuelle Zielerreichung [%]

Legende:
- QK_1: Ideenverwertungsrate
- QK_2: Anteil innovativer Entwicklungsprojekte
- QK_3: Belastbarkeit der Technologieprognosen
- ahl Patentanmeldungen
- ektabbruchsrate

Zeit

Aktuelle Zielerreichung [%]

Legende:
- ZK_1: Anteil pünktlicher Projektabschlüsse
- ZK_2: Durchschnittliche Projektdauer
- ZK_3: Durchschnittliche Dauer zur Identifizierung einer neuen Technologie
- ZK_4: Dauer eines Aktualisierungszyklusses für Technologieinformationen

Legende:
- KK: Kostenbezogene Kennzahl
- QK: Qualitätsbezogene Kennzahl
- ZK: Zeitbezogene Kennzahl

Bild 5-5: Unternehmensspezifische Cockpit-Darstellung

Das beschriebene Beispiel zeigt, dass die entwickelte Methodik ein geeignetes und kommunikationsförderndes Hilfsmittel für das Technologiemanagement darstellt. Dabei unterstützte die Methodik beim zielgerichteten Aufbau des unternehmensspezifischen Technologiemanagements, in dem ausgehend von den bestehenden Unternehmenszielen Aktivitätenschwerpunkte vorgeschlagen wurden und somit aus den generischen Aktivitäten ein unternehmensspezifisches Aktivitätenbündel zusammengestellt wurde. Die Bewertung des daraus resultierenden Geschäftsprozesses erfolgte über Kennzahlen, die strukturiert und nachvollziehbar ermittelt wurden. Die aufgestellten Kennzahlen ermöglichten die frühzeitige Erkennung von Fehlentwicklungen, die anschließend durch inhaltlich orientierte Maßnahmen zu beseitigen waren. Nach einer Einlaufphase, in der sich der Betrieb des Controllingsystems einspielte, konnten die Aktivitäten des Technologiemanagements kontinuierlich gesteuert werden.

6 Zusammenfassung

Der Aufbau von komparativen Wettbewerbsvorteilen ist die zentrale Aufgabe eines Unternehmens und dient der langfristigen Erhaltung und der erfolgreichen Weiterentwicklung der Unternehmung. Die Ursachen für Produktivitätsunterschiede und somit für Wettbewerbsvorteile liegen, neben dem vorhandenen Real- und Humankapital, in Technologien bzw. dem Zugang zu technologischem Wissen begründet. Technologischer Fortschritt spiegelt sich in neuen Produkten, besserer Qualität und erhöhter Leistungsfähigkeit der Produktionsmittel wider. Dabei ist eine Beschleunigung des technischen Fortschritts zu beobachten, der sich unter anderem in immer kürzer werdenden Produktlebenszyklen zeigt. Der beschleunigte technische Fortschritt auf fast allen Gebieten der wissenschaftlichen Forschung führt zu tief greifenden Veränderungen im unternehmerischen Handeln und ist eine unmittelbare Ursache für permanente Anpassungsprobleme. Angesichts der internationalen Wettbewerbssituation sind technologieorientierte Unternehmen zur Sicherstellung eines nachhaltigen Unternehmenserfolgs somit gezwungen, relevante technologische Entwicklungen durch richtungsweisende Entscheidungen im Rahmen der Unternehmensführung einzubeziehen. Diese richtungsweisenden Entscheidungen manifestieren sich in Technologiestrategien. Wenn sie nicht von den operativen Einheiten eines Unternehmens richtig und konsequent umgesetzt werden, bleiben sie jedoch reines Papierwerk. Dem Management steht für die Umsetzung grundsätzlich das Controlling als Steuerungsinstrument zur Seite. Technologische Aspekte bleiben allerdings meist unberücksichtigt, so dass vielfältige Erfolgspotenziale nicht erschlossen werden.

Vor diesem Hintergrund ist es das Ziel der vorliegenden Arbeit, eine Methodik bereitzustellen, die die Operationalisierung von Technologiestrategien unterstützt. Dies beinhaltet zunächst die Festlegung zielgerichteter technologieorientierter Aktivitäten sowie die Zuordnung der durchführenden Funktionsbereiche. Darüber hinaus ist der Erfolg der Aktivitäten im Hinblick auf die strategischen Zielvorgaben fortlaufend zu überprüfen. Dieses Zusammenspiel von Aktivitäten, Zielvorgaben, organisatorischer Verankerung und Erfolgsmessung ist durch ein hohes Maß an Komplexität gekennzeichnet, dessen Beherrschung durch die entwickelte Methodik unterstützt wird.

Zur Konzeption der Methodik wurden zunächst problemrelevante Theorien und Hypothesen der empirischen Grundlagenwissenschaften erfasst und interpretiert. Dazu wurde der Untersuchungsbereich der Arbeit abgegrenzt. Innerhalb des Untersuchungsbereichs wurden zur Schaffung eines einheitlichen Begriffsverständnisses die relevanten Forschungsfelder aufbereitet. Dabei wurden grundlegende Zusammenhänge und Begriffe erklärt. Durch die Diskussion der relevanten Arbeiten wurde

Zusammenfassung

deutlich, dass in den Beiträgen nur einzelne Felder des Themenbereichs betrachtet wurden. Somit fehlt eine durchgängige Methodik, die es ermöglicht, den permanenten Anpassungsproblemen technologieorientierter Unternehmen zu begegnen und die Lücke zwischen strategischen Zielsetzungen und deren Umsetzung zu schließen. Daraus resultierte der Forschungsbedarf für die vorliegende Arbeit zum Technologie-Controlling.

Aufbauend auf inhaltlichen und formalen Anforderungen wurde das Grobkonzept der Methodik erstellt. Dazu wurden geeignete Hilfstheorien zur Beherrschung der Komplexität der Konzepterstellung ausgewählt. Die Grundsätze der Modelltheorie und der Systemtechnik sowie der Regelkreisansatz wurden beschrieben und für die Erstellung des Grobkonzeptes adaptiert. Das Grobkonzept zum systembildenden Technologie-Controlling setzt sich aus 6 Bausteinen zusammen:

- Zielmodell
- Aktivitätenmodell
- Typologiemodell
- Messgrößenmodell
- Rollenmodell
- Controllingrahmen

Mit Hilfe des **Zielmodells** ist die grundlegende technologieorientierte Unternehmenszielrichtung aufzunehmen. Ausgehend von der Kombination aus Wettbewerbs- und Technologiestrategie sowie der Technologieausrichtung auf Produkt- oder Produktionstechnologien erfolgt die Einordnung eines unternehmensspezifischen Zielsystems. Das **Aktivitätenmodell** gibt eine Zusammenstellung der Aufgaben des Technologiemanagements wieder. Dazu wurden aufbauend auf bestehenden Definitionen zum Technologiemanagement die Module des Aktivitätenmodells erstellt. Dabei handelt es sich um die Module Technologiefrüherkennung, interne Analyse, Technologieplanung, Technologierealisierung, Technologietransfer und Technologieeinsatz. Innerhalb dieser Module konnte ein Grundgerüst von technologierelevanten Aktivitäten in Form eines Arbeitsplans des Technologiemanagements aufgebaut werden. Über das **Typologiemodell** wurden zielabhängige Aktivitätenschwerpunkte vorgeschlagen und somit die Auswahl unternehmensspezifischer Aktivitäten unterstützt. Zu diesem Zweck wurde eine Typologiematrix aufgebaut. Die in der Typologiematrix dargestellten Schwerpunkte sollen den Anwender bei der Implementierung des Technologie-Controllingkonzeptes unterstützen, die für sein Unternehmen und die dazugehörige Zielrichtung wesentlichen Aktivitäten auszuwählen, die es zu steuern und zu überwachen gilt. Den ausgewählten Aktivitäten werden über das **Messgrößenmodell** Kennzahlen zugeordnet. Auf Basis einer Prozessstrukturmatrix, in der unternehmensspezifische Aktivitäten als Technologiemanagementprozess dargestellt sind, erfolgt die Identifizierung von relevanten Kennzahlen. Zur Eingrenzung der Kennzahlenanzahl erfolgt die Priorisierung der Kennzahlen mit Hilfe einer Nutzwertanalyse und einem Portfolio. Das **Rollenmodell** gibt auf einem abstrakten Niveau einen Überblick, welche Bereiche in einem Unternehmen zur Erfüllung der Gesamtaufgabe des Technologiemanagements von Bedeutung sind. Zum Aufbau eines systembildenden Technologie-Controllings wird das Rollenmodell des Technologiemanagements genutzt, um den Aktivitäten die funktionalen Abteilungen eines betrachteten Unternehmens zuzuordnen. Der **Controllingrahmen** beinhaltet das Berichtswesen und die Steuerungsfunktion der Methodik. Innerhalb des Controllingrahmens wurde festgelegt, wie mit den priorisierten Kennzahlen, als Ergebnis des Messgrößenmodells, umgegangen werden muss, um nachvollziehbare und belastbare Ergebnisse zu erzielen. Dies beinhaltet die Festlegung von Zielwerten und Erhebungsvorgaben. Ergebnis ist ein Cockpit zur kontinuierlichen Steuerung der Aufgaben des Technologiemanagements.

Die prinzipielle Anwendbarkeit der Methodik wurde exemplarisch anhand eines industriellen Fallbeispiels beschrieben und validiert. Mit Hilfe des systembildenden Technologie-Controllingkonzeptes konnte schnell und nachvollziehbar ein auf die technologieorientierten Ziele des Unternehmens ausgerichtetes Aktivitätenbündel zusammengestellt und über Kennzahlen bewertbar gemacht werden. Die formalen und die inhaltlichen Anforderungen an die Methodik konnten realisiert werden.

Mit der vorliegenden Arbeit wurde somit eine Methodik bereitgestellt, mit deren Hilfe die Lücke zwischen strategischen Vorgaben und der operativen Umsetzung innerhalb des Technologiemanagements geschlossen werden kann. Dabei unterstützt sie Unternehmen, ausgehend von ihrer Zielrichtung, technologieorientierte Aktivitäten auszuwählen und Funktionsbereichen zuzuordnen. Somit kann ein effektives Technologiemanagement erreicht werden. Die Effizienz des Technologiemanagements wird über unternehmensspezifische Kennzahlen gesteuert, zu deren Auswahl angepasste Methoden bereitgestellt wurden. Mit dem systembildenden Technologie-Controllingkonzept liegt somit ein Hilfsmittel vor, das Unternehmen in die Lage versetzt, den wachsenden Herausforderungen des Wettbewerbsumfelds zu begegnen.

7 Literaturverzeichnis

[AWK05]   Aachener Werkzeugmaschinen-Kolloquium (Veranst.): Wettbewerbsfaktor Produktionstechnik: Aachener Perspektiven. Aachen: Shaker, 2005

[AWK02]   Aachener Werkzeugmaschinen-Kolloquium (Veranst.): Wettbewerbsfaktor Produktionstechnik: Aachener Perspektiven. Aachen: Shaker, 2002

[BECK99] Becker, M.: SE-Wissensbaum. In: Haberfellner, R.; Becker, M.; Büchel, A.; von Massow, H.; Nagel, P.; Daenzer, W.F.; Huber, F. (Hrsg): Systems Engineering. 10. Aufl., Zürich: Industrielle Organisation, 1999

[BETZ93] Betz, F.: Strategic Technology Management. New York: McGraw-Hill, 1993

[BHAL87] Bhalla, S. K.: The effective Management of Technology – A Challenge for Corporations. Columbus: Batelle Press, 1987

[BIND96] Binder, V.; Kantowsky, J.: Technologiepotentiale: Neuausrichtung der Gestaltungsfelder des strategischen Technologiemanagements. Wiesbaden: Deutscher Universitätsverlag, 1996

[BLEI01] Bleicher, K.: Das Konzept integriertes Management. 6. Aufl., Frankfurt am Main: Campus, 2001

[BLEI96] Bleicher, K.; Hahn, D.; v. Werder, A.; Müller-Stewens, G.: Normatives Management. In: [EVER96a], Kapitel 2

[BÖHM05] Böhm, R.: Methoden und Techniken der System-Entwicklung. 5. Aufl., Zürich: vdf Hochschulverlag, 2005

[BOUT98]	Boutellier, R.; Bratzler, M.; Böttcher, S.: Zukunftssicherung durch Technologiebeobachtung. Technologie-Früherkennung und Patentbeobachtung gewinnen strategische Bedeutung. In: io management. 1998, Nr. 1/2, S. 87-91
[BOUT96]	Boutellier, R.; Gassmann, O.: Internationales Innovationsmanagement. Trends und Gestaltungsmöglichkeiten. In: Gassmann, O. (Hrsg.): Internationales Innovationsmanagement – Gestaltung von Innovationsprozessen im globalen Wettbewerb. München: Vahlen, 1996, S. 281-301
[BROC94]	Brockhoff, K.: Forschung und Entwicklung. 4. Aufl., München: Oldenbourg, 1994
[BRÖS99]	Brösse, U.: Einführung in die Volkswirtschaftslehre - Mikroökonomie. 3. Aufl., München: Oldenbourg, 1999
[BRUN91]	Bruns, M.: Systemtechnik. Ingenieurwissenschaftliche Methodik zur interdisziplinären Systementwicklung. Berlin: Springer, 1991
[BUER96]	Bürgel, H. D.; Haller, C.; Binder, M.: F&E-Management. München: Vahlen, 1996
[BULL96]	Bullinger, H.-J.: Technologiemanagement. In: [EVER96a]
[BULL94]	Bullinger, H.-J.: Einführung in das Technologiemanagement: Modelle, Methoden, Praxisbeispiele. Stuttgart: Teubner, 1994
[CHEN76]	Chen, P. P.-S.: The Entity Relationship Model - Towards an unified view of data. In: ACM Transactions on Database Systems. Vol. 1, 1976, No. 1, S. 9-36
[CHEN80]	Chen, P. P.-S.: The Entity Relationship Approach to System Analysis and Design. Amsterdam: North-Holland Publications, 1980

Literaturverzeichnis

[CLAU93]   Clausius, E. H. J.: Controlling in Forschung und Entwicklung. Frankfurt a. M.: Peter Lang, 1993

[CLAU98]   Claussen, U.; Rodenacker, W.: Maschinensystematik und Konstruktionsmethodik – Grundlagen und Entwicklung moderner Methoden. Berlin: Springer, 1998

[COEN87]   Coenenberg, A. G.: Baum, H.-G.: Strategisches Controlling. Stuttgart: Schäffer-Poeschel, 1987

[CZIC96]   Czichos, H. (Hrsg.): Hütte – Grundlagen der Ingenieurwissenschaften. Berlin, New York: Springer, 1996

[DAEN89]   Daenzer, W. F.: Systems Engineering, Leitfaden zur methodischen Durchführung umfangreicher Planungsvorhaben. Zürich: Industrielle Organisation, 1989

[DIN94]   Norm DIN 19226-1. Regelungstechnik und Steuerungstechnik – Allgemeine Begriffe. Berlin: Beuth, 1994

[DOWL02]   Dowling, M., Hüsig, S.: Technologiestrategie. In: [SPEC02], S. 377 – 380

[DRUM05]   Drumm H. J.: Personalwirtschaft. 5. Aufl., Berlin: Springer, 2005

[DUDE04]   Wermke, M. (Hrsg.); Kunkel-Razum, K. (Hrsg.); Scholze-Stubenrecht (Hrsg.): Die deutsche Rechtschreibung. 23. Aufl., Mannheim: Dudenverlag, 2004

[DYCK98]   Dyckhoff, H. (Hrsg.); Ahn, H. (Hrsg.): Produktentstehung, Controlling und Umweltschutz – Grundlagen eines ökologieorientierten F&E-Controlling. Heidelberg: Physika, 1998

[ERKE88]	Erkes, K. F.: Ganzheitliche Planung flexibler Fertigungssysteme mit Hilfe von Referenzmodellen. Diss. RWTH Aachen, 1988
[ESPR91]	ESPRIT Consortium AMICE: CIMOSA: Open System Architecture for CIM. 2. Aufl., Berlin, New York: Springer, 1991
[ESPR88]	ESPRIT Consortium AMICE: CIMOSA: Reference Architecture Specification. Brüssel: AMICE, 1988
[EVER02a]	Eversheim, W.: Organisation in der Produktionstechnik Arbeitsvorbereitung. 4. Aufl., Berlin: Springer, 2002
[EVER02b]	Eversheim, W.; Hachmöller, K.; Knoche, M.; Walker, R.: Vorsprung durch richtige Technologieentscheidungen. In: ZWF. 97 Jg., 2002, Heft 5, S. 251 – 253
[EVER01]	Eversheim, W.; Gerhards, A.; Walker, R.: Elektronisches Technologiemanagement: Wie lässt sich Technologiemanagement systematisch unterstützen? In: wt Werkstatttechnik. 91 Jg., 2001, Heft 1, S. 39- 42
[EVER00a]	Eversheim, W.; Bünting, F.; Borrmann, A.; Kerwart, H.: Kundenzufriedenheit mit produktionsnahen deutschen Serviceleistungen – Ergebnisse der Analyse in Deutschland, USA und China. Frankfurt a. M.: VDMA, 2000
[EVER00b]	Eversheim, W.; Gerhards, A.; Hachmöller, K.; Walker, R.: Technologiemanagement: Strategie – Organisation – Informationssysteme. In: Industrie Management. 2000, Nr. 16, S. 9-13
[EVER98]	Eversheim, W.: Organisation in der Produktionstechnik Konstruktion. 3. Aufl., Berlin: Springer, 1998
[EVER96a]	Eversheim, W. (Hrsg.); Schuh, G. (Hrsg.): Betriebshütte - Produktion und Management, Berlin: Springer, 1996

[EVER96b]   Eversheim, W.: Organisation in der Produktionstechnik – Band 1: Grundlagen. 3. Aufl., Düsseldorf: VDI, 1996

[EVER89]   Eversheim, W.: Organisation in der Produktionstechnik – Band 4: Fertigung und Montage. 2. Aufl., Düsseldorf: VDI, 1989

[EWAL89]   Ewald, A.: Organisation des strategischen Technologie-Managements – Stufenkonzept zur Implementierung einer integrierten Technologie- und Marktplanung. Berlin: Erich Schmidt, 1989

[FALL00]   Fallböhmer, M.: Generieren alternativer Technologieketten in frühen Phasen der Produktentwicklung. Aachen: Shaker, 2000

[FÄSS91]   Fässler, K.; Rehkugel, H.; Wegenast, C.: Lexikon des Controlling. 5. Aufl., Landsberg/Lech: Moderne Industrie, 1991

[FISC89]   Fischer, J.: Qualitative Ziele in der Unternehmensplanung: Konzepte zur Verbesserung betriebswirtschaftlicher Problemlösungstechniken. Berlin: Erich Schmidt, 1989

[FISC02]   Fischer, J.; Lange, U.: Technologiemanagement. In: Specht, D. (Hrsg.); Möhrle, M. G. (Hrsg.): Lexikon Technologiemanagement. Wiesbaden: Gabler, 2002, S. 357-362

[FRAU00]   Frauenfelder, P.: Strategisches Management von Technologie und Innovation. Zürich: Orell Füssli Verlag, 2000

[FRAU98]   Fraunhofer-Gesellschaft: Werkstoffe – Forschen, Testen, Einsetzen. München: 1998. Firmenschrift

[FRIE02]   Friedag, H.; Schmidt, W.: Balanced Scorecard – mehr als ein Kennzahlensystem. 4. Aufl., Freiburg: Rudolf Haufe, 2002

Literaturverzeichnis

[GABL97] o.V.: Gabler Wirtschafts Lexikon. 14. Aufl., Wiebaden: Gabler, 1997

[GÄLW05] Gälweiler, A.: Strategische Unternehmensführung. 3. Aufl., Frankfurt a. Main: Campus, 2005

[GAIT93] Gaitanides, M.: Prozessorganisation. München: Vahlen, 1993

[GERP99] Gerpott, T. J.: Strategisches Technologie- und Innovationsmanagement. Eine konzentrierte Einführung. Stuttgart: Schäffer-Poeschel Verlag, 1999

[GEIS01] Geisler, E.: Creating Value with Science and Technology. Westport: Quorum Books, 2001

[GOET95] Götze, U.; Bloech, J.: Investitionsrechnung: Modelle und Analysen zur Beurteilung von Investitionsvorhaben. 2. Aufl., Berlin: Springer, 1995

[HABE99] Haberfellner, R.; Becker, M.; Büchel, A.; von Massow, H.; Nagel, P.; Daenzer, W.F.; Huber, F. (Hrsg.): Systems Engineering. 10. Aufl., Zürich: Industrielle Organisation, 1999

[HAHN97] Hahn, D.: Controlling in Deutschland. In: Seidenschwarz, W. (Hrsg.): Die Kunst des Controlling. München: Vahlen 1997, S. 13-46

[HAIS91] Haist, F.; Fromm, H.: Qualität im Unternehmen: Prinzipien, Methoden, Techniken. 2. Aufl., München: Hanser, 1991

[HALL02] Hall, K.: Ganzheitliche Technologiebewertung – Ein Modell zur Bewertung unterschiedlicher Produktionstechnologien. Wiesbaden: Deutscher Universitäts-Verlag, 2002

Literaturverzeichnis

[HAUS97] Hauschild, J.: Innovationsmanagement. 2. Aufl., München: Hanser, 1997

[HARS94] Hars, A.: Referenzdatenmodelle – Grundlagen effizienter Datenmodellierung. Wiesbaden: Gabler, 1994

[HEIT00] Heitsch, J.-U.: Multidimensionale Bewertung alternativer Produktionstechniken: Ein Beitrag zur technischen Investitionsplanung. Diss. RWTH Aachen, 2000

[HESS90] Hesse, U.: Technologie-Controlling. Frankfurt a.M.: Peter Lang, 1990

[HORV03] Horváth, P.: Controlling. 9. Aufl., München: Vahlen, 2003

[HORV00] Horváth & Partner (Hrsg.): Balanced Scorecard umsetzen. Stuttgart: Schäffer-Poeschel, 2000

[HUCH04] Huch, B.; Behme, W.; Ohlendorf, T.: Rechnungswesenorientiertes Controlling. 4. Aufl., Heidelberg: Physika, 2004

[INTE04] INTEL: Moore´s Law. URL: http://www.intel.com/research/silicon/mooreslaw.htm [Stand 06.11.2004]

[JUNG02a] Jung, H.-H.: Technology Management Control Systems in Technology-based Enterprises. Design and Implementation of Systems to Control Technology Strategy and Performance. Diss. ETH Zürich, 2002

[JUNG02b] Jung, H.-H.: Technologiecontrolling. In: Specht, D. (Hrsg.); Möhrle, M. G. (Hrsg.): Lexikon Technologiemanagement. Wiesbaden: Gabler, 2002, S. 338-341

[KAPL97a]	Kaplan, R.; Norton, D.: Balanced Scorecard. Stuttgart: Schäffer-Poeschel, 1997
[KAPL97b]	Kaplan, R.; Norton, D.: Strategieumsetzung mit Hilfe der Balanced Scorecard. In Seidenschwarz, W. (Hrsg.): Die Kunst des Controlling. München: Vahlen 1997, S. 313-342
[KERN77]	Kern, W.; Schröder, H. H.: Forschung und Entwicklung in der Unternehmung. Reinbek: Rowohlt, 1977
[KHAL00]	Khalil, T. M.: Management of technology. The key to competitiveness and wealth creation. New York: McGrow-Hill Higher Education, 2000
[KLEI94]	Kleinsorge, P.: Geschäftsprozesse. In: Masing, W.: Handbuch Qualitätsmanagement. 3. Aufl., München: Hanser, 1994
[KOLL94]	Koller, R.: Konstruktionslehre für den Maschinenbau - Grundlagen zur Neu- und Weiterentwicklung technischer Produkte. Berlin: Springer, 1994
[KOND84]	Kondratieff, N.: The Long Wave Cycles. New York: Richardson & Snyder, 1984
[KOSI76]	Kosiol, E.: Organisation der Unternehmung. Wiesbaden: Gabler, 1976
[KRAH99]	Krah, O.: Prozessmodell zur Unterstützung umfassender Veränderungsprozesse. Diss. RWTH Aachen, 1999
[KRAL89]	Kralicek, P.: Kennzahlen für Geschäftsführer. Wien: Ueberreuter, 1989
[KÜPP01]	Küpper, H.-U.: Controlling – Konzeption, Aufgaben und Instrumente. 3. Aufl., Stuttgart: Schäffer-Poeschel, 2001

Literaturverzeichnis

[KÜPP90] Küpper, H.-U.; Weber, J.; Zünd, A.: Zum Verständnis und Selbstverständnis des Controlling. In: ZfB. 60. Jg., 1990, Nr. 3, S. 281-293

[LEHN91] Lehner, F.: Organisationslehre für Wirtschaftinformatiker. München: Hanser, 1991

[LICH03] Lichtenthaler, E.: Technology Intelligence – Improving Technological Decision-Making. In: [TSCH03], S. 111-126

[LITT93] Little, A. D.: Management der F&E-Strategie. Wiesbaden: Gabler, 1993

[LOWE95] Lowe, P.: The Management of Technology – Perception and Opportunities. London: Chapman & Hall, 1995

[MANK04] Mankiw, N. G.: Grundzüge der Volkswirtschaftslehre. 3. Aufl., Stuttgart: Schäffer Poeschel, 2004

[MART95] Martini, C.: Marktorientierte Bewertung neuer Produktionstechnologien. Diss. Hochschule St. Gallen, 1995

[MILB05] Milberg, J.: Deutschland eine starke Marke – ein Beitrag zur Leitbilddiskussion in Deutschland. In: [AWK05], S. 1-15

[MÖHR05] Möhrle, M. G.; Isenmann, R.: Technologie-Roadmapping - Zukunftsstrategien für Technologieunternehmen. 2. Aufl., Berlin: Springer, 2005

[MOOR65] Moore, G. E.: Cramming more components onto integrated circuits. In: Electronics. Volume 38, number 8, 1965

[NEDE97] Nedeß, C.: Organisation des Produktionsprozesses. Stuttgart: Teubner, 1997

[NRC87]	US National Research Council: Management of Technology – The Hidden Competitive Advantage. Washington D.C.: National Academy Press, 1987
[OLFE03]	Olfert, K.; Personalwirtschaft. 10. Aufl., Ludwigshafen: Kiehl, 2003
[PATZ82]	Patzack, G.: Systemtechnik – Planung komplexer innovativer Systeme: Grundlagen, Methoden, Techniken. Berlin: Springer, 1982
[PETR62]	Petri, C. A.: Kommunikation mit Automaten. Bonn: Rheinisch-Westfälisches Institut für instrumentelle Mathematik der Universität Bonn, 1962
[PFEI01]	Pfeifer, T.: Qualitätsmanagement. München: Hanser, 2001
[PLES02]	Pleschak, F.; Ossenkopf, B.: Technologiebewertung. In: [SPEC02], S. 337-338
[PORT99a]	Porter, M. E.: Wettbewerbsstrategie: Methoden zur Analyse von Branchen und Konkurrenten. 10. Aufl., Frankfurt a. M.: Campus, 1999
[PORT99b]	Porter, M. E.: Wettbewerbsvorteile - Spitzenleistungen erreichen und behaupten. 5. Aufl., Frankfurt a. M.: Campus, 1999
[PRAH91]	Prahalad, C. K.; Hamel, G.: Nur Kernkompetenzen sichern das Überleben. In: Havard Business Manager, Jg. 13, Nr. 2, S. 66-78, 1991
[PREF95]	Prefi, T.: Entwicklung eines Modells für das prozessorientierte Qualitätsmanagement. Diss. RWTH Aachen, 1995
[PREI95]	Preißler, P. R.: Controlling-Lexikon. München: Oldenbourg, 1995

[PÜMP92]	Pümpin, C.: Strategische Erfolgspositionen – Methodik der dynamischen strategischen Unternehmensführung. Bern: Haupt, 1992
[PÜMP91]	Pümpin, C., Prange, J.: Management der Unternehmensentwicklung – Phasengerechte Führung und Umgang mit Krisen. Frankfurt a. M.: Campus, 1991
[PÜMP86]	Pümpin, C.: Management strategischer Erfolgspositionen. 3. Aufl., Bern: Haupt, 1986
[QIAN02]	Qian, Y.: Strategisches Technologiemanagement im Maschinenbau. Diss. Uni Stuttgart, 2002
[REIC01]	Reichmann, T.: Controlling mit Kennzahlen und Managementberichten. 6. Aufl., München: Vahlen, 2001
[RINN95]	Rinne, H.; Mittag, H.-J.: Statistische Methoden der Qualitätssicherung. München: Hanser, 1995
[ROSS85]	Ross, D. T.: Structured Analysis (SA) – A Language for Communicating Ideas. In: IEEE Transactions on Software Engineering, Vol. SE-3, No. 1, 1977
[ROTH94]	Roth, K.: Konstruieren mit Konstruktionskatalogen – Band 1: Konstruktionslehre. Berlin: Springer, 1994
[ROTH01]	Roth, K.: Konstruieren mit Konstruktionskatalogen – Band 2: Konstruktionskataloge. Berlin: Springer, 2001
[RÜTT00]	Rüttgers, M.; Stich, V.: Industrielle Logistik. 6. Aufl., Aachen: Wissenschaftsverlag Mainz, 2000
[SCHE92]	Scheer, A.-W.: Architektur integrierter Informationssysteme – Grundlagen der Unternehmensmodellierung. Berlin, New York: Springer, 1992

[SCHE03] Scheermesser, S.: Messen und Bewerten von Geschäftsprozessen als operative Aufgabe des Qualitätsmanagements. Berlin: Beuth, 2003

[SCHI03] Schierenbeck, H.: Grundzüge der Betriebswirtschaftslehre. 16. Aufl., München: Oldenbourg, 2003

[SCHM85] Schmidt, B.: Systemanalyse und Modellaufbau – Grundlagen der Simulationstechnik. Berlin, Heidelberg: Springer Verlag, 1985

[SCHM96] Schmitz, W. J.: Methodik zur strategischen Planung von Fertigungstechnologien – Ein Beitrag zur Identifizierung und Nutzung von Innovationspotenzialen. Diss. RWTH Aachen, 1996

[SCHU03] Schuh, G.; Schröder, J.; Breuer, T.: Technologiemanagement – Was am längsten trägt, muss am sorgfältigsten geplant werden. In: wt Werkstatttechnik online. Ausgabe 6, 2003

[SEGH89] Seghezzi, H. D.: Perspektiven des Technologiemanagements. In: Technische Rundschau. 1989, Nr. 44/89, S. 16-23

[SENG95] Seng, S.: Einstiegsplanung in neue Fertigungstechnologien – Entscheidungsmethodik zur Unterstützung von Technologieakquisitionen. Diss. RWTH Aachen, 1995

[SERF92] Serfling, K.: Controlling. 2. Aufl., Stuttgart: Kohlhammer, 1982

[SERV85] Servatius, H.-G.: Methodik des strategischen Technologiemanagements: Grundlagen für erfolgreiche Innovationen. Berlin: E. Schmidt, 1985

[SIEG98] Siegwart, H.: Kennzahlen für die Unternehmensführung. 5. Aufl., Bern: Haupt, 1998

Literaturverzeichnis

[SIMO95]   Simons, R.: Levers of Control – How Managers Use Innovative Control Systems to Drive Strategic Renewal. Boston: Harvard Business School Press, 1995

[SPET02]   Specht, G.; Beckmann, C.; Amelingmayer, J.: F&E-Management. 2. Aufl., Stuttgart: Schäffer-Poeschel, 2002

[SPEC04]   Specht, D.; Behrens, S.; Mieke, C.: Strategische Flexibilität durch Technologiecontrolling. In: Industrie Management. 2004, Nr. 20, S. 51-54

[SPEC02]   Specht, D. (Hrsg.); Möhrle, M. G. (Hrsg.): Lexikon Technologiemanagement. Wiesbaden: Gabler, 2002

[SPUR98]   Spur, G.: Technologie und Management: Zum Selbstverständnis der Technikwissenschaft. München: Hauser, 1998

[SPUR93]   Spur, G.; Mertins, K.; Jochem, R.: Integrierte Unternehmensmodellierung. Berlin: Beuth, 1993

[STAE99]   Staehle, W. H.: Management – Eine verhaltenswissenschaftliche Perspektive. 8. Aufl., München: Vahlen, 1999

[STAC73]   Stachowiak, H.: Allgemeine Modelltheorie. Wien: Springer, 1973

[STIP99]   Stippel, N.: Innovationscontrolling. München: Vahlen, 1999

[STRE03]   Strebel, H. (Hrsg.): Innovations- und Technologiemanagement. Wien: WUV, 2003

[SÜSS91]   Süssenguth, W.: Methoden zur Planung und Einführung rechnerintegrierter Produktionsprozesse. Diss. TU Berlin. München: Hanser, 1991

[TWIS92]	Twiss, C. T.: Managing technological innovation. 4. Aufl., London: Pitman, 1992

[TSCH03]	Tschirky, H. (Hrsg.); Jung, H.-H. (Hrsg.); Savioz, P. (Hrsg.): Technology and Innovation Management on the move. From managing technology to managing innovation-driven enterprises. Zürich: Industrielle Organisation, 2003

[TSCH98]	Tschirky, H. (Hrsg.); Koruna, S. (Hrsg.): Technologiemanagement – Idee und Praxis. Zürich: Orell Füssli, 1998

[TRÄN90]	Träncker, J.-H.: Entwicklung eines prozess- und elementorientierten Modells zur Analyse und Gestaltung der technischen Auftragsabwicklung von komplexen Produkten. Diss. RWTH Aachen, 1990

[TROM00]	Trommer, G.: Methodik zur konstruktionsbegleitenden Generierung und Bewertung alternativer Fertigungsfolgen. Aachen: Shaker, 2000

[ULRI70]	Ulrich, H.: Die Unternehmung als produktives soziales System. 2. Aufl., Bern: Paul Haupt, 1970

[ULRI76]	Ulrich, P. et al.: Wissenschaftstheoretische Grundlagen der Betriebswirtschaftslehre. In: WiSt. 1976, Heft 7, S. 304 ff.

[ULRI84]	Ulrich, H.: Die Betriebswirtschaftslehre als anwendungsorientierte Sozialwissenschaft. In: Dyllick, T.; Probst, G. (Hrsg.): Management. Bern: Haupt, 1984

[VDI97a]	VDI-Richtlinie 2222: Konstruktionsmethodik - Methodisches Entwickeln von Lösungsprinzipien. Düsseldorf: VDI, 1997

[VDI97b]	VDI Report 15: Technikbewertung – Begriffe und Grundlagen, Düsseldorf: VDI, 1997

[VDI93]	VDI-Richtlinie 222: Methodik zum Entwickeln und Konstruieren technischer Systeme und Produkte. Düsseldorf: VDI, 1993
[WAHR04]	Wahren, H.-K.: Erfolgsfaktor Innovation. Berlin: Springer, 2004
[WALK03]	Walker, R.; Informationssystem für das Technologiemanagement. Diss. RWTH Aachen. Aachen: Shaker 2003
[WEBE04]	Weber, J.: Einführung in das Controlling. 10. Aufl., Stuttgart: Schäffer-Poeschel, 2004
[WILD96]	Wildemann, H.: Logistikstrategien. In: Eversheim, W.; Schuh, G. (Hrsg.): Betriebshütte - Produktion und Management, Berlin: Springer, Kapitel 15, 1996
[WÖHE02]	Wöhe, G., Döring, U.: Einführung in die allgemeine Betriebswirtschaftslehre. 21. Aufl., München: Vahlen, 2002
[WOLF94]	Wolfrum, B.: Strategisches Technologiemanagement. 2. Aufl., Wiesbaden: Gabler, 1994
[ZAHN95]	Zahn, E.: Handbuch Technologiemanagement. Stuttgart: Schäffer-Poeschel, 1995
[ZANG76]	Zangenmeister, C. Nutzwertanalyse in der Systemtechnik, 4. Aufl, Berlin: Springer, 1976
[ZELE99]	Zeleweski, S.: Grundlagen. In: Corsten, H.; Rieß, M. (Hrsg.): Betriebswirtschaftslehre. 3. Aufl., München: Oldenbourg, 1999
[ZENZ98]	Zenz, A.: Controlling – Bestandsaufnahme und konstruktive Kritik theoretischer Ansätze. In: [DYCK98], S. 27-60

[ZIMM91]   Zimmermann, H.-J.; Gutsche, L.: Multi-Criteria-Analyse. Berlin: Springer, 1991

[ZWEC03]   Zweck, A.: Roadmapping. Erfolgreiches Instrument in der strategischen Unternehmensplanung nützt auch der Politik. In: Wissenschaftsmanagement, 2003, Nr. 4, S. 33-40

8 Anhang

8.1 IDEF 0-Modell

{A0} Umsetzung des systembildenden Technologie-Controllingkonzeptes

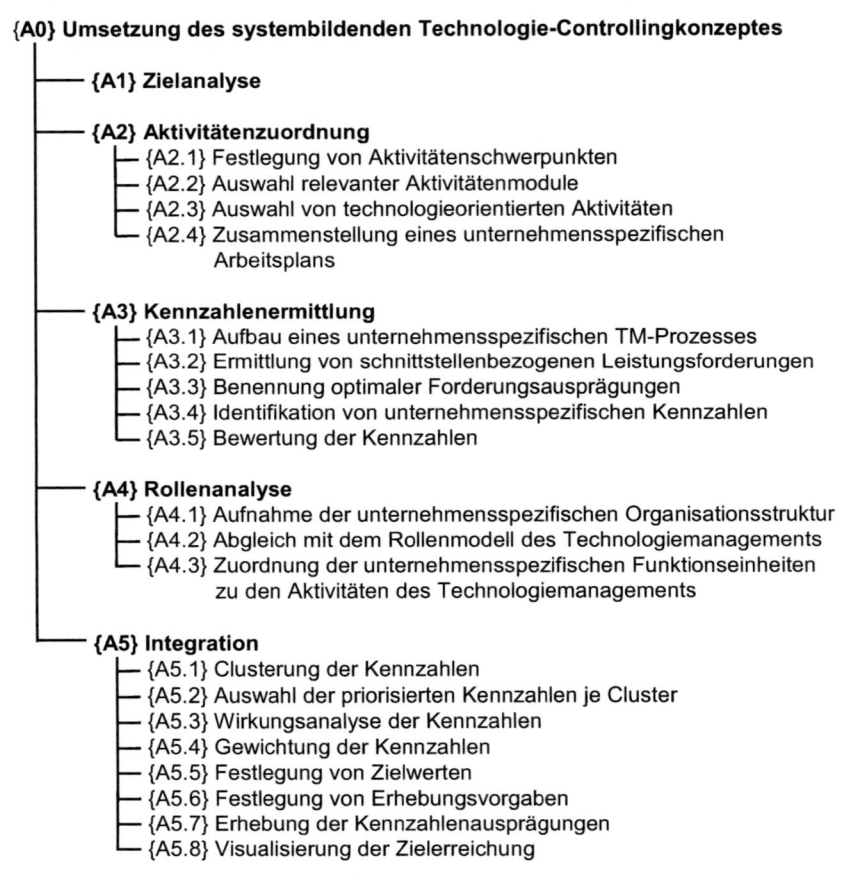

- {A1} Zielanalyse
- {A2} Aktivitätenzuordnung
  - {A2.1} Festlegung von Aktivitätenschwerpunkten
  - {A2.2} Auswahl relevanter Aktivitätenmodule
  - {A2.3} Auswahl von technologieorientierten Aktivitäten
  - {A2.4} Zusammenstellung eines unternehmensspezifischen Arbeitsplans
- {A3} Kennzahlenermittlung
  - {A3.1} Aufbau eines unternehmensspezifischen TM-Prozesses
  - {A3.2} Ermittlung von schnittstellenbezogenen Leistungsforderungen
  - {A3.3} Benennung optimaler Forderungsausprägungen
  - {A3.4} Identifikation von unternehmensspezifischen Kennzahlen
  - {A3.5} Bewertung der Kennzahlen
- {A4} Rollenanalyse
  - {A4.1} Aufnahme der unternehmensspezifischen Organisationsstruktur
  - {A4.2} Abgleich mit dem Rollenmodell des Technologiemanagements
  - {A4.3} Zuordnung der unternehmensspezifischen Funktionseinheiten zu den Aktivitäten des Technologiemanagements
- {A5} Integration
  - {A5.1} Clusterung der Kennzahlen
  - {A5.2} Auswahl der priorisierten Kennzahlen je Cluster
  - {A5.3} Wirkungsanalyse der Kennzahlen
  - {A5.4} Gewichtung der Kennzahlen
  - {A5.5} Festlegung von Zielwerten
  - {A5.6} Festlegung von Erhebungsvorgaben
  - {A5.7} Erhebung der Kennzahlenausprägungen
  - {A5.8} Visualisierung der Zielerreichung

Bild 8-1: Knotenverzeichnis des IDEF0-Modell zur Umsetzung des systembildenden Technologie-Controllingkonzeptes

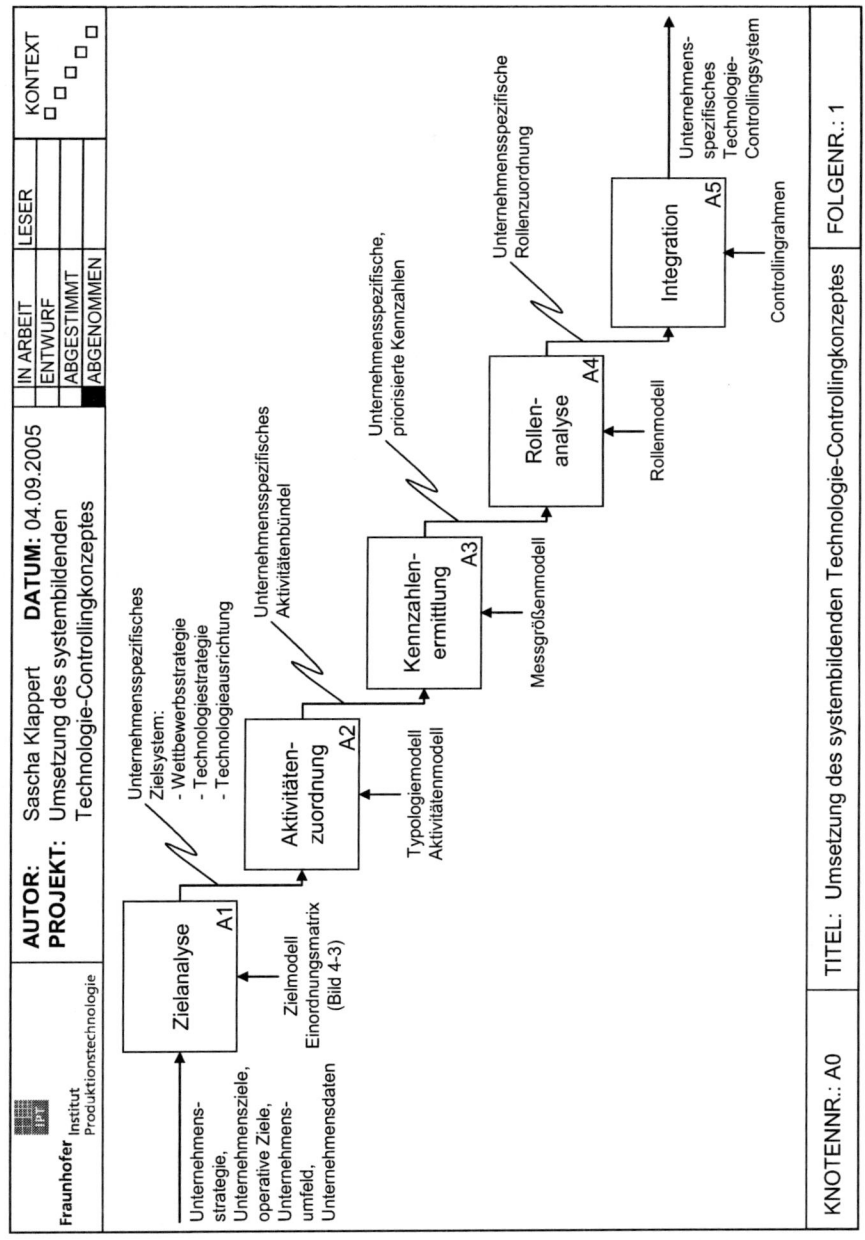

Bild 8-2: IDEF0-Modell zur Umsetzung des systembildenden Technologie-Controllingkonzeptes 1/6

Anhang

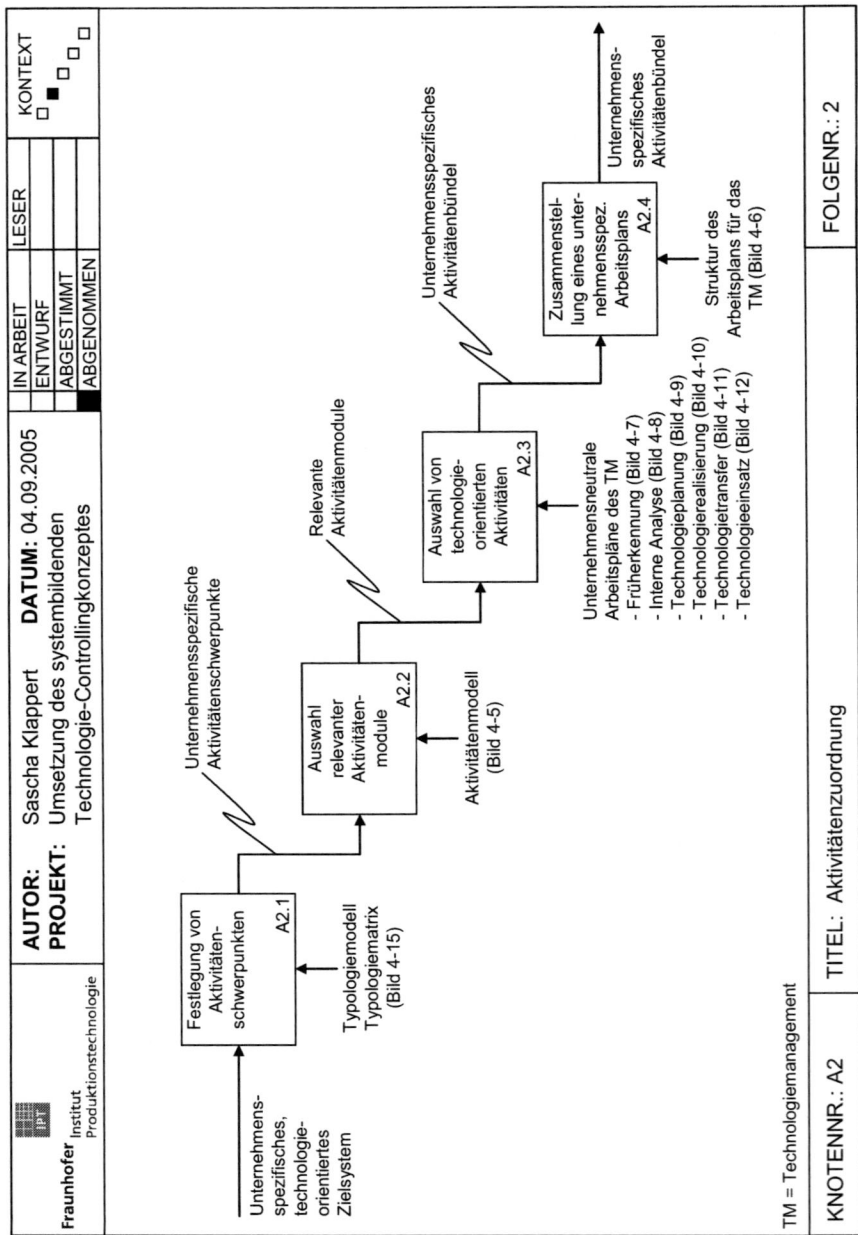

Bild 8-3: IDEF0-Modell zur Umsetzung des systembildenden Technologie-Controllingkonzeptes 2/6

Anhang

AUTOR:	Sascha Klappert	DATUM: 04.09.2005	IN ARBEIT	LESER	KONTEXT
PROJEKT:	Umsetzung des systembildenden Technologie-Controllingkonzeptes		ENTWURF / ABGESTIMMT / ABGENOMMEN		

Fraunhofer Institut Produktionstechnologie

A3.1 Aufbau eines unternehmensspezifischen TM-Prozesses
— Prozessstrukturmatrix (PSM) (Bild 4-16) →

A3.2 Ermittlung von schnittstellenbezogenen Leistungsforderungen
— Forderungstabelle (Bild 4-17) →

A3.3 Benennung optimaler Forderungsausprägungen
— Forderungstabelle (Bild 4-17) →

A3.4 Identifikation von unternehmensspezifischen Kennzahlen
Dimensionen von Kennzahlen:
- Zeitliche Ausprägungen
- Genauigkeitsbezogene Ausprägungen
- Inhaltliche Ausprägungen

A3.5 Bewertung der Kennzahlen
— Nutzwertanalyse (Bild 4-18) →

Inputs/Outputs: Unternehmensspezifisches Aktivitätenbündel; Unternehmensspezifischer TM-Prozess; Anforderungen an die Aktivitäten; Optimale Forderungsausprägungen; Unternehmensspezifischer Kennzahlenpool; Unternehmensspezifische, priorisierte Kennzahlen

TM = Technologiemanagement

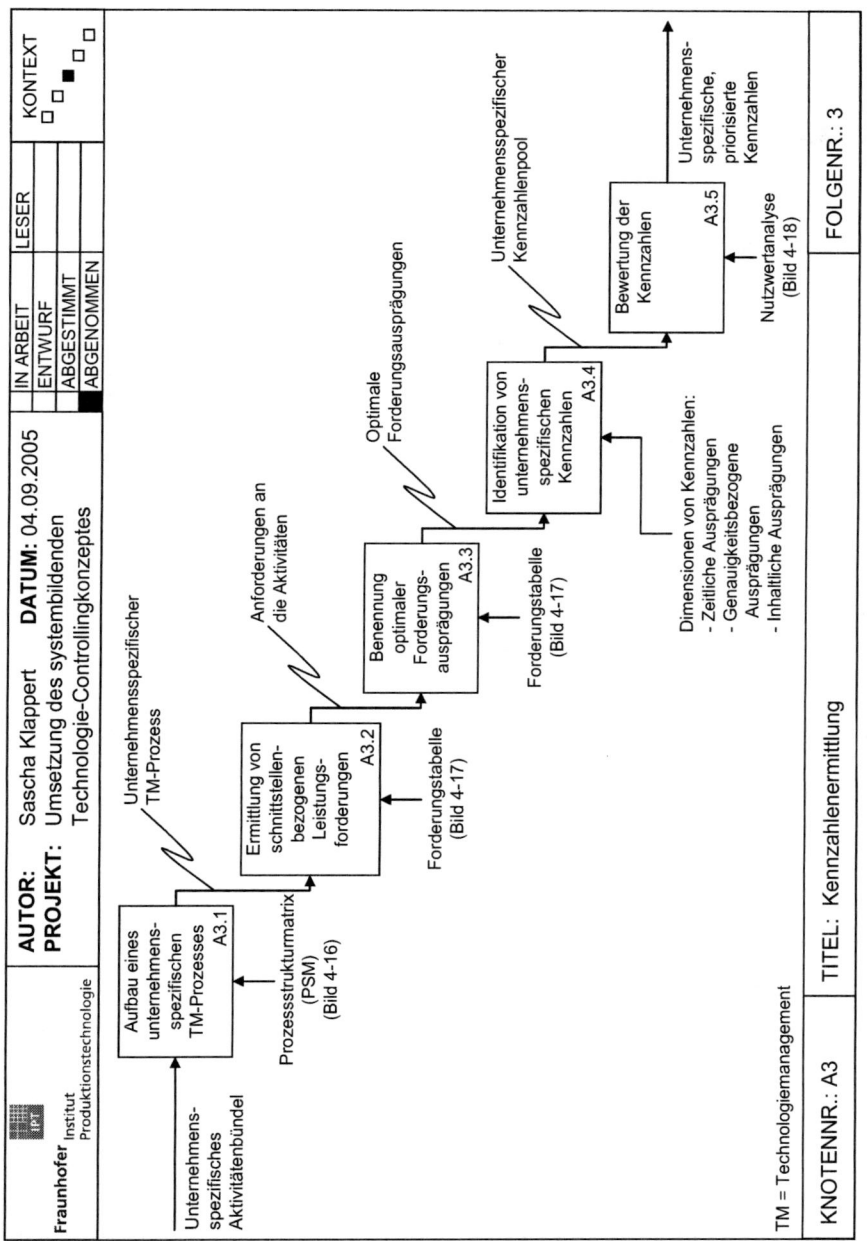

KNOTENNR.: A3	TITEL: Kennzahlenermittlung	FOLGENR.: 3

Bild 8-4: IDEF0-Modell zur Umsetzung des systembildenden Technologie-Controllingkonzeptes 3/6

Anhang

AUTOR:	Sascha Klappert	**DATUM:** 04.09.2005	IN ARBEIT	LESER	KONTEXT
PROJEKT:	Umsetzung des systembildenden Technologie-Controllingkonzeptes		ENTWURF ABGESTIMMT **ABGENOMMEN**		

Fraunhofer Institut Produktionstechnologie

Unternehmensspezifische Aktivitätenschwerpunkte, Organisationsstruktur des Unternehmens →

A4.1 Aufnahme der unternehmensspezifischen Organisationsstruktur

→ **A4.2** Abgleich mit dem Rollenmodell des TM
↑ Rollenmodell des Technologiemanagements (Bild 4-21)

→ **A4.3** Zuordnung der unternehmensspezifischen Funktionseinheiten zu den Aktivitäten des TM
↑ Unternehmensneutrale Arbeitspläne des TM

→ Unternehmensspezifische Rollenzuordnung

TM = Technologiemanagement

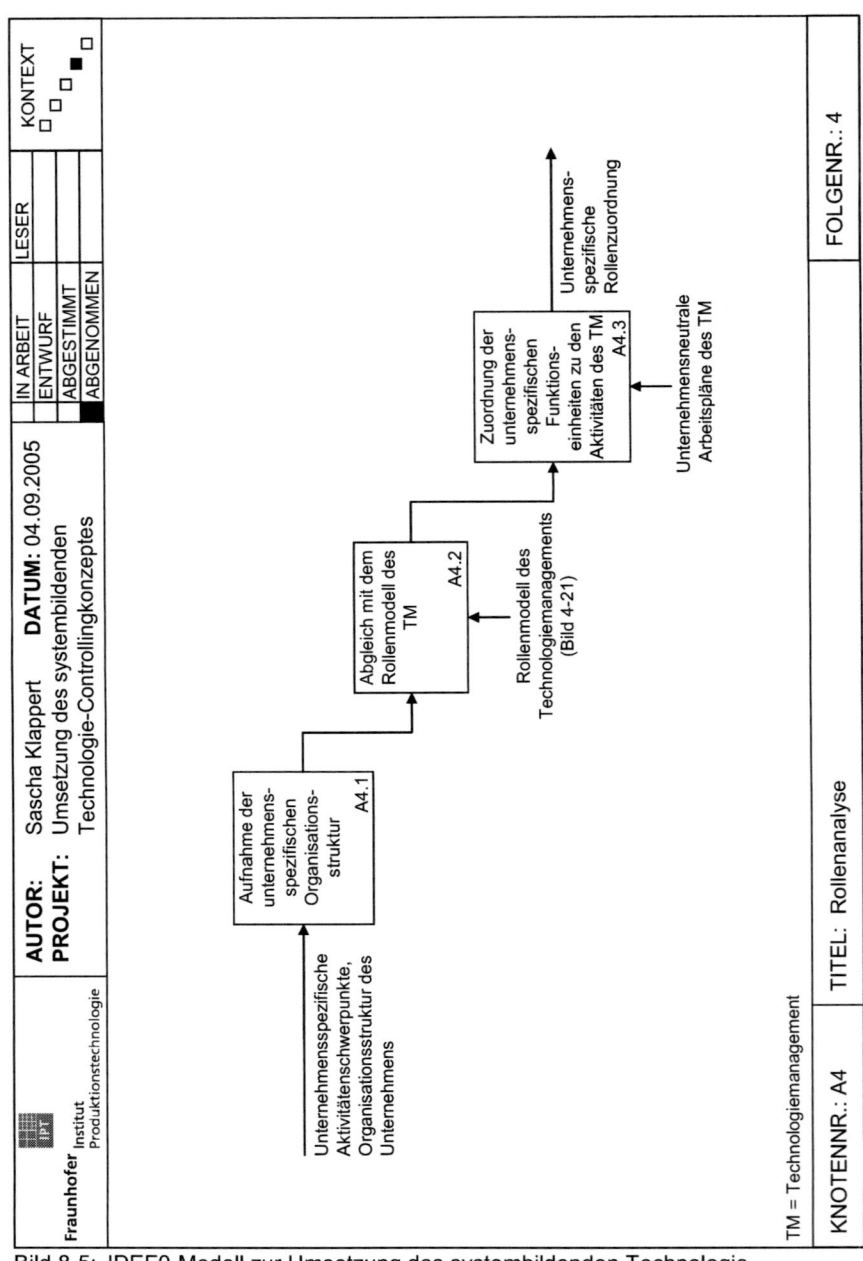

KNOTENNR.: A4	TITEL: Rollenanalyse	FOLGENR.: 4

Bild 8-5: IDEF0-Modell zur Umsetzung des systembildenden Technologie-Controllingkonzeptes 4/6

Anhang

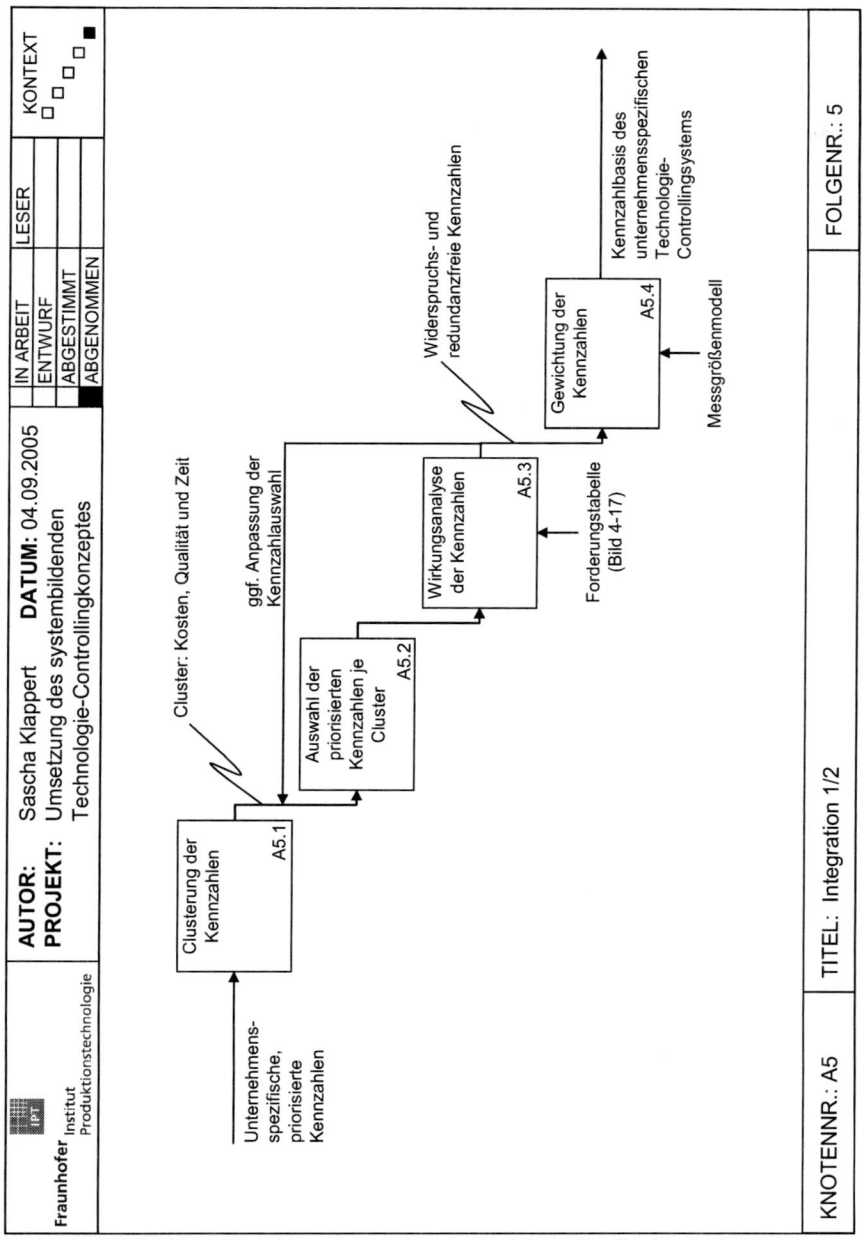

Bild 8-6: IDEF0-Modell zur Umsetzung des systembildenden Technologie-Controllingkonzeptes 5/6

Anhang

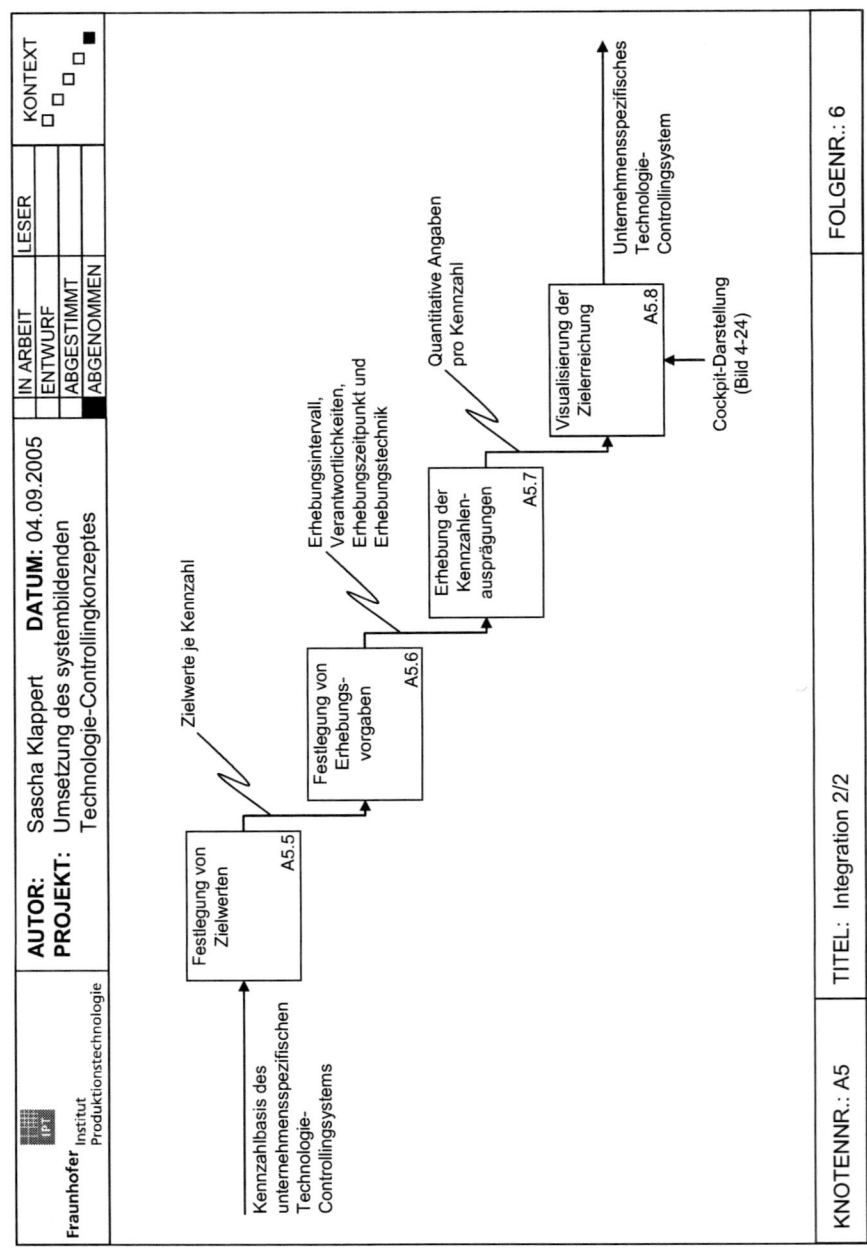

Bild 8-7: IDEF0-Modell zur Umsetzung des systembildenden Technologie-Controllingkonzeptes 6/6